はじめての

Twilio
トゥイリオ

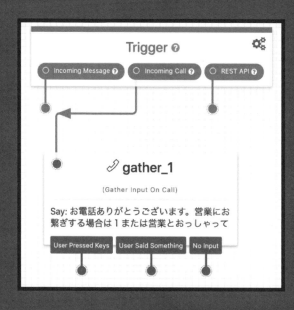

はじめに

　本書では、「Twilio」(トゥイリオ)の全体像と、「Twilio」のはじまりである「電話」や「SMS」をプログラマブルに利用する方法を解説します。

　想定する読者対象は、"「Twilio」って何？"という方や、"「Twilio」って電話やSMSをプログラマブルに自分のシステムに組み込めるって聞いたけど、電話をプログラマブルに使えるってどういうこと？"という方です。

　つまり、「Twilio」について名前は聞いたことがあるが、実際の使い方についてイメージできない方、"ドキュメントが英語でとっつきにくい"と感じている方です。

*

　「Twilio」は「Voice」をはじめ「SMS」「Video」「Conversations」など幅広い「コミュニケーション・チャネル」に対応したAPIを提供しています。

　そのため、それぞれの「コミュニケーション・チャネル」で見たときには多くの競合が存在しますが、すべてのチャネルを網羅しているのは「Twilio」のみ、と言っても過言ではないでしょう。

　「Twilio」を利用することで、たくさんの「コミュニケーション・チャネル」のサービス利用は「Twilio」に集約されます。

　また、将来出てくるであろう新しい「コミュニケーション・チャネル」に対しても「Twilio」が対応することに、大きな期待をもてます。

　つまり、「Twilio」を使えば、コミュニケーションに関する機能の「実装コスト」「運用コスト」を大きく減らし、開発速度を向上させることが可能になるのです。

*

　これを機に、ぜひ「Twilio」を使った新しいイノベーションに挑戦してみてはいかがでしょうか。

葛　智紀

はじめての Twilio トゥイリオ

CONTENTS

サンプル集　①電話アプリ　②ビデオ会議アプリ　③チャットアプリ　④音声チャットアプリ

※Twilio社が公開しているサンプルコードの中から主要なものを紹介。

「補足PDF」のダウンロード

本書の補足PDFは、下記のページからダウンロードできます。

＜工学社ホームページ＞

http://www.kohgakusha.co.jp/suppor_u.html

ダウンロードしたファイルを解凍するには、下記のパスワードを入力してください。

m4AhLr

すべて「半角」で、「大文字」「小文字」を間違えないように入力してください。

[ダウンロードPDF]の内容

サンプル集

Twilio社が公開している「Twilio」を使ったサンプルコードの中から、主要なものを紹介。

第1部

基礎編

第1章

「Twilio」とは

> 「**Twilio**」（トゥイリオ）は、ジェフ・ローソン（Jeff Lawson：現CEO）らが2008年に設立した企業です。
>
> 設立当初は、現在も主力の商品である「**Twilio Voice**」という"通話の「発信」と「受信」をクラウド内で管理するAPIサービス"を提供していました。

1-1   「Twilio」の歴史

　「Twilio Voice」を始まりとして、「SMSの送受信を管理するAPI」や、「FAXの送受信を管理するAPI」など、電話番号を用いたサービスを展開。

　今では「WhatsApp」などの「メッセージング・アプリ」との連携や、「WebRTC」を用いたビデオ通話のインフラ部分を提供することで、セキュアなビデオ通話を高速で実現できるサービスなどを展開しています。

　また、サービス基盤を組み合わせて、電話、SMS、メール、アプリを用いた「二要素認証」のサービスや、統合型の「クラウド・コンタクトセンター」など、より顧客に寄り添ったサービス展開も行なっています。

　現在は100カ国以上の電話番号を提供するサービスに成長し、二段階認証アプリの「オーシー」（Authy）やEメール配信サービスの「センドグリッド」（SendGrid）、IoT機器の「エレクトリックインプ」（Electric Imp）を次々と買収し、自身が広げてきたプラットフォームの領域をさらに成長させようとしています。

1-2 日本で利用できる「Twilio」の各種サービス

「Twilio」はアメリカでのサービス提供に重きを置いており、日本で利用できないサービスがいくつかあります。

本節では、日本で利用できる代表的な「Twilio」のサービスについて紹介します。

■Super Network

「Super Network」とは、「Twilio」を100カ国以上の国で使う基盤となるインフラのことを指します。

●Phone Numbers

「Twilio」では、音声通話やメッセージングに利用できる100カ国以上の電話番号を提供しています。

日本では、「050番号」、着信課金電話番号の「0120番号」、「0800番号」が使えます。

●Elastic SIP Trunking

「Elastic SIP Trunking」は、「IPベース」の通信インフラを「PSTN」(公衆交換電話網)に接続するための機能を提供しています。

「Elastic SIP Trunking」を使うことで、インターネット接続経由で、電話網と電話の発着信が行なえるようになります。

■Channels APIs

「Channels APIs」は、コミュニケーションを取るための「API」をユーザーに提供するAPI群です。

●Programmable Voice

「Programmable Voice」は、電話をプログラムでコントロールできるサービスです。

「Phone Numbers」で提供された電話番号に対して「自動音声応答」で応答したり、「通話の録音」や「電話の転送」をするなど、いろいろな機能を自由にカスタマイズできます。

また、JavaScriptやiOS、AndroidのSDKも用意されており、電話網とインターネットを接続して互いに通話することも可能です。

●Programmable SMS

「Programmable SMS」は、SMSを用いたメッセージの送受信※をプログラムでコントロールするサービスです。

また、「Conversations API」(後述)を利用すると、「WhatsApp」などの「メッセージング・アプリ」とインターフェイスを気にせずに相互でやり取りできます。

> ※アメリカの電話番号を利用した場合、SMSの送受信は可能ですが、高到達率の「高品質SMS」を利用した場合は、SMSの受信はできません。
> また、携帯電話からの送信には海外への送信と同料金がかかるため、利用には注意してください。

●Programmable Video

「Programmable Video」は、「Web RTC」と「Twilio」が提供する「クラウド・インフラ」を利用して「ビデオ通話機能」を構築するサービスです。

「Programmable Video」はインフラの提供だけでなく、「Roomや参加者の管理」も行なうため、開発者はビデオ通話に必要な「インフラ環境」や「参加者の管理方法」を気にすることなく「ビデオ通話アプリ」を構築できます。

■Services

　「Services」は、「Channels APIs」を基盤に付加価値をつけ、開発者がさらに便利に使えるようにしたサービス群です。

●Verify

　「Verify」は「電話」「SMS」「Eメール」を用いてシンプルに利用できる、「電話番号」、「メール・アドレス検証API」です。

　「Verify」は指定されたプラットフォームに「認証コード」を送信し、送られた「認証コード」を検証します。

　開発者は「プラットフォーム」を指定してAPIを実行し、「認証コード」を送信。利用者が入力した「認証コード」に対して「Verify」で検証できます。

●Authy

　「Authy」は、「Twilio」の「セキュリティ対策サービス」の一つです。

　「Authy」を利用すると「Verify」の機能に加えて、「Authyアプリ」を使った「ソフト・トークン」を用いた「認証」と、「プッシュ通知認証」が利用できます。

　その他にも、「Twilio」のコンソール上から登録されているユーザーの管理や「Authyアプリ」に表示する画面のカスタマイズができます。

●Conversations

　「Conversations」は、「WhatsApp」「SMS」などの「メッセージング・アプリ」と連携して、プラットフォームを意識せずに独自の「Chat機能」を作るAPIです。

　「Conversations」では、Chat機能に必要な「Room、会話履歴、参加者の管理」を行ないます。
　このサービスを利用することで、開発者は「マルチ・プラットフォーム」を跨いだシームレスな「Chat機能」を、「UI部分の開発」のみで実現でき、開発コストを削減できるのです。

また、他のサービスと連携させることで、「チャット＋α」を実現できます。

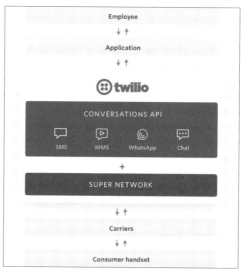

図1-1-1　Conversations API
（参照：https://www.twilio.com/conversations-api）

●Studio

「Studio」は提供されているウィジェット（WIDGET）をドラッグ＆ドロップで組み合わせることで、「コール・フロー」を簡単に作ることができる、「ビジュアル・プログラミングツール」です。

ブラウザから利用でき、複雑な「IVR」（自動音声応答）なども、「Studio」を利用して視覚的に分かりやすく作ることができます。

●TaskRouter

「TaskRouter」は「コンタクト・センター」向けの機能で、顧客からの問い合わせを振り分けます。

「TaskRouter」を使うことで、「電話」や「チャット」など複数のチャンネルを気にせず管理でき、スキルベースでのルーティングをプログラムから制御できます。

■Tools

「**Tools**」は便利に、汎用的に「Twilio」を利用するためのサービス群です。

●Runtime

・Functions

「**Functions**」は「Twilio」のサーバレス環境で、「Node.js」の実行環境を提供しています。

「Functions」を利用することで、小規模アプリケーションであれば、自分でサーバの準備や管理をする必要がありません。

・Assets

「**Assets**」は「Twilio」のホスティング環境です。

「Assets」にファイルを保存すると、外部からのアクセスの設定をすることができます。

「**Functions**」と親和性が高く、「Functions」上で利用するファイルや録音ファイルの保存場所などとして利用されています。

・Sync

「**Sync**」は、「Twilio」が提供する「NoSQL」の「ドキュメント・データベース」です。

データベースにアクセスするためのサーバは必要なく、クライアントから直接接続できます。

状態管理などに使われることが多く、コールセンターのオペレーターのステータス管理などに利用されています。

・CLI

「Twilio」は、コマンドラインから便利に「Twilio」のAPIが利用できるように、「**コマンドライン・インターフェイス**」(**CLI**)を提供しています。

「**CLI**」を利用することによって、「コマンドライン・ツール」から簡単に「Twilio」のAPIを利用可能です。

・SDK

「Twilio」には「サーバ・サイド」の「Node.js」「C#」「PHP」「Python」「Java」の
SDKと、「クライアント・サイド」の「JavaScript」「iOS」「Android」のSDKが
あります。

SDKを利用することで「Twilio」をそれぞれの環境で便利に利用できます。

■Solution

「Solution」は、「Twilio」が「Twilio」のプラットフォームを使って作っている
プロダクトです。

●Flex

「Flex」は「Twilio」が提供している、フルカスタマイズ可能な「コンタクト・
センター」です。

「音声」と「チャット」を使うベースとなる「コンタクト・センター」を、5分で
構築できます。

また、「Flex内にCRMを組み込む」「Videoを使った対応などを追加する」と
いったことも可能です。

第2章

初めての「Twilio」

「Twilio」を使うには、アカウントの作成など、諸々の設定や手続きが必要です。
本章ではそれらのやり方を説明します。

2-1 アカウントの作成

現在、日本では、以下の2つのサイトから、「Twilio」のアカウントを作ることができます。

・Twilio
(コンソールはすべて英語)
https://www.twilio.com/ja/

・KDDIウェブコミュニケーションズ
(コンソールの一部が日本語)
https://cloudapi.kddi-web.com/

本書では「KDDIウェブコミュニケーションズ」のアカウントを作って、利用します。

> ※「Twilioアカウント」の作成方法は変更される可能性があるので、最新の方法を確認してください。

[1]それぞれのページ右上にある、「アカウント作成ボタン」をクリックして、画面の指示に従って操作していきます。

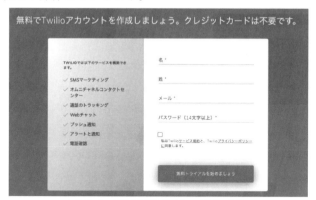

図2-1-1　画面の指示に従って記入する

お名前(名)：「日本語」「英語」どちらも利用できます。
お名前(姓)：「日本語」「英語」どちらも利用できます。
メール・アドレス：記入した「メール・アドレス」が「アカウント」のログイン時に使われます。
パスワード：14文字以上のパスワードを入力してください。

---

[2]上記4項目の記入後、「Twilio」の利用規約にチェックを入れて、「Start your free trial」ボタンを押すと、次のような画面に遷移し、記入した「メール・アドレス」に認証用のメールが送付されます。

> ※一度でも「Twilio」アカウント登録に利用された「メール・アドレス」は利用できません。

図2-1-2　認証用メールが送られる

[3] 届いた認証用のメールに記載された「Confirm Your Email」をクリックして、認証を完了します。

図2-1-3　認証用メール

[4] 続いて、携帯電話を使って本人認証を行ないます。

「トライアル・アカウント」は、ここで認証した電話番号にしか発信できないので、注意してください。

> ※電話番号の入力について、認証電話番号が「080-xxxx-xxxx」の場合は「80xxxxxxxx」で入力してください。
> 頭の「+81」は国番号(日本)がデフォルトで設定されています。

図2-1-4　電話番号の入力

[5]「Verify」ボタンを押すと、入力した電話番号宛にSMS(ショートメール)が送られてきます。

送られてきたSMSに記載されている「検証コード」を入力後、「Submit」ボタンを押すと認証完了です。

図2-1-5　「検証コード」を入力する

[6] 認証が完了すると、「Twilio」からのアンケート画面が表示されるので、任意の内容を入力して、ダッシュボードが表示されたら、アカウント作成終了です。

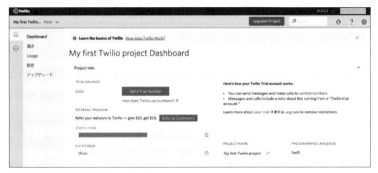

図2-1-6　ダッシュボード

2-2　「Bundles」の設定

　「Twilio」上で電話番号を購入する場合、一部[※]の国の電話番号を購入するためには、個人情報を「Twilio」に提出する必要があります。

　日本は個人情報を提出する必要がある国なので、その登録手順を紹介します。

> ※個人情報を提出する必要がある国の一覧は下記URLからご覧ください。
> https://jp.twilio.com/guidelines/regulatory

手　順　「Bundles」の申請（個人利用の場合）

[1]「All Products & Services」の中から「Phone Numbers」を選択します。

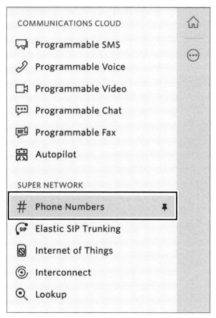

図2-2-1　「Phone Numbers」を選ぶ

[2]「Phone Numbers」（電話番号）メニューの中の「Regulatory Compliance」を選択し、「Create a Regulatory Bundle」をクリックします。

図2-2-2　「Create a Regulatory Bundle」をクリック

[3]「PHONE NUMBER'S COUNTRY」に「Japan」を、「TYPE OF PHONE NUMBER」に「National」を選択し、「Next」をクリックします。

図2-2-3　「Japan」と「National」を選択

> ※日本では「TYPE OF PHONE NUMBER」に「National(050番号)」、「Toll-Free (0120/0800番号)」の3種類が選択できます。
>
> ※登録したBundleは選択された「TYPE OF PHONE NUMBER」にのみ利用することが可能です。
> 　間違えて登録してしまった場合は、再度登録し直してください。

[4] 「Individual」を選択して「Next」をクリックします。

　登録内容確認のダイアログが表示されるため「Ok,get it」をクリックし、もう一度「Next」をクリックします。

図2-2-4　「Individual」を選択

[5] 「Add individual information」をクリックします。

図2-2-5　「Add individual information」をクリック

[6] 「FIRST NAME」には「名」を、「LAST NAME」には「姓」を入力します。

　「BIRTH DATE」には「YYYY-MM-DD」形式で誕生日を入力し、「Save」をクリックします。

図2-2-6　姓名と生年月日を入力

[7]「Next」をクリックします。

図2-2-7　入力が完了したら次へ

[8]下にスクロールし、「Add supporting document」をクリックして、「書類登録画面」に移ります。

図2-2-8　本人確認書類の登録

[9]プルダウンから、「本人確認書類の種類」を選択し、「Upload」ボタンをクリックしてください。

　本書では運転免許証を用いて書類を提出します。

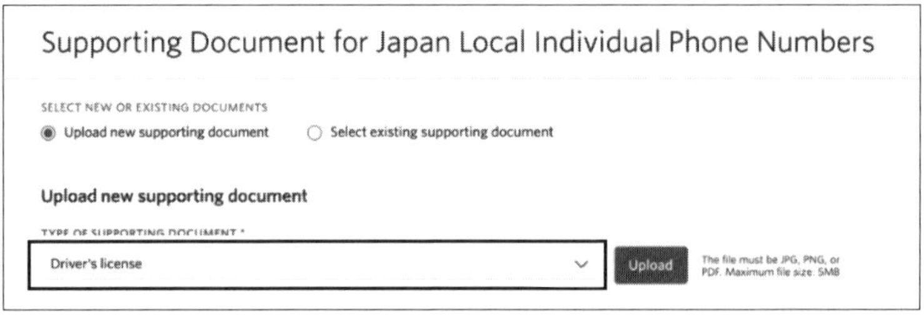

図2-2-9　「Upload」ボタンをクリック

> ※本人確認の書類は、以下が利用できます。
> ・運転免許証
> ・運転記録証明書
> ・健康保険証
> ・母子通帳
> ・パスポート
> ・在留カード
> ・特別な永住者の証明書

[10] 本人確認の書類の種類がアップロードされると、本人確認の情報を入力する画面が表示されるので入力していきます。

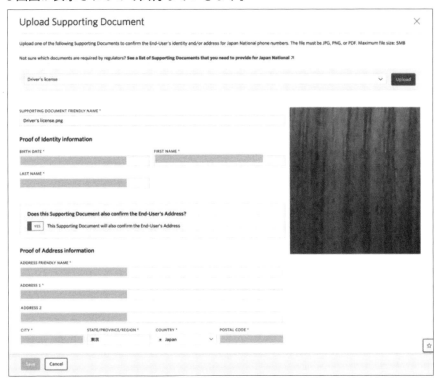

図 2-2-10　本人確認の情報を入力

> BIRTH DATE：誕生日をYYYY-MM-DDで指定します。
> FIRST NAME：本人確認書類に記載されている名前を日本語で記入します。
> LAST NAME：本人確認書類に記載されている姓を日本語で記入します。
> Does this Supporting Document also confirm the End-User's Address?：Yesを選択します。
> ADDRESS FRIENDLY NAME：任意の名前を入力します。
> ADDRESS 1：本人確認書類に記載されている町丁目と丁目番地を記載されている通りに記入します。（例：丸の内1-1-1）
> ADDRESS 2：本人確認書類に記載されているマンション名や部屋番号を記入します。（オプション）
> CITY：本人確認書類に記載されている市区名を記入します。（例：千代田区）
> STATE/PROVINCE/REGION：本人確認書類に記載されている都道府県名を記入します。（例：東京都）
> COUNTRY：「Japan」を選択します。
> POSTAL CODE：郵便番号を記入します。

【11】入力が完了したら、「Save」をクリックして、入力に誤りがないか確認します。

図2-2-11　入力情報を確認

【12】「Submit for review」をクリックします。

図2-2-12　「Submit for review」をクリック

[13]「Agree」をクリックします。

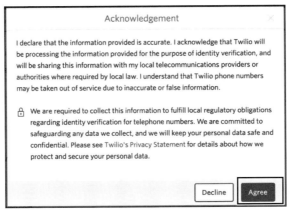

図2-2-13 「Agree」をクリック

以上で「Bundles」の申請は完了です。
早くて2～3時間、遅くとも2日ほどで認証されます。

コラム　**法人利用の場合**

　法人で日本の電話番号を購入する場合は、「個人の証明」とは別に「会社の証明」も必要となります。

　現在、「会社の証明」として利用できる書類は、以下のとおりです。
「Bundles」登録の際に合わせて準備してください。

・登記簿謄本（履歴事項全部証明書）
・会社の印鑑証明書
・納税証明書
・会社の名前と住所とともに政府当局が発行したその他の文書

　法人利用にて「Bundles」を登録する方法の詳細については以下ページをご覧ください。

https://cloudapi.kddi-web.com/magazine/other/corporate-edition-set-bundles-in-twilio

2-3 電話番号の購入

「Bundles」の登録が完了したら、いよいよ電話番号を購入します。

電話番号は「Twilio」のコンソール上から数ステップで購入することが可能です。

手 順　電話番号の購入

[1] まず、「All Product & Services」を開いて、「Phone Numbers」をクリックします。

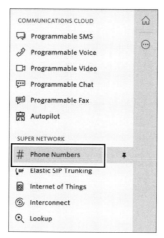

図2-3-1　「Phone Numbers」をクリック

[2] 続いて、「番号を購入」をクリックし、「電話番号購入画面」を開きます。
「COUNTRY」で「Japan」を選択し、「検索」をクリックします。

図2-3-2　「Japan」を選択して「検索」

[3] 「購入可能な電話番号」の一覧が表示されます。

　購入したい電話番号を選択し、「購入」をクリックします。

> ※「Twilio」では「050番号」と着信課金電話番号の「0120番号」、「0800番号」が購入可能です。
> ※「0120番号」を希望する方は営業へ問い合わせてください。

図2-3-3　「購入可能な電話番号」の一覧

[4] 購入する電話番号を確認します。

　問題なければ「Next」をクリックします。

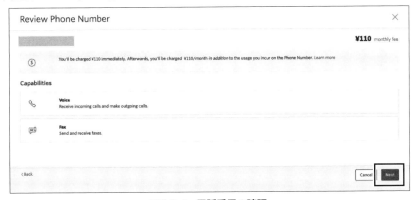

図2-3-4　電話番号の確認

[5]登録してある「Bundle」のタイプを選択して、「Next」をクリックします。

> Business：法人
> Individual：個人

図2-3-5　「Bundle」のタイプを選ぶ

[6]「ASSIGN APPROVED JP INDIVIDUAL BUNDLE」で登録した「Bundle」を選択し、「ASSIGN ADDRESS」で登録した住所を選択します。

　最後に、「Buy +8150xxxxxxxx」をクリックして、電話番号購入は完了です。

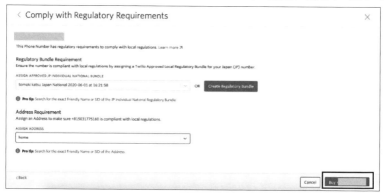

図2-3-6　「Buy +8150xxxxxxxx」をクリックして購入完了

　以上で、電話番号を購入できました。

2-4　　　　　はじめての「IVR」

電話番号の購入が完了したところで、さっそく「TwiML」※を用いた最もシンプルな「IVR」(自動音声応答)を作ってみたいと思います。

> ※ TwiML：電話を受けたときや発信したとき、SMSを受信したときなどに「Twilio」にさせたい動作を、「XMLベース」で指定するマークアップ言語。

手 順　シンプルな「IVR」を作る

[1]購入した電話番号の設定画面を開き、①「A CALL COMES IN」の「Webhook」の欄で「TwiML Bin」を選択し、②「＋ボタン」をクリックします。

図2-4-1　購入した電話番号の設定画面を開く

[2]表示された画面の「FRIENDLY NAME」欄に任意の名前をつけ、「BODY」欄に以下のソースコードを記述します。

```
<?xml version="1.0" encoding="UTF-8"?>
<Response>
    <Say language="ja-JP">「Twilio」へようこそ。</Say>
</Response>
```

図2-4-2　「ソースコード」を記述

[3] 画面下部の表示が「Valid Voice TwiML」になったら「Createボタン」をクリックして、保存します。

[4] 完了したら、電話番号設定画面下部の「Saveボタン」をクリックして、設定を保存します。

　これで、設定は完了です。
　さっそく購入した電話番号に電話をかけてみて音声が流れるのを確認しましょう！

第3章

「Twilio API」を試してみよう！

　「Twilio CLI」を利用すると、「Twilio」が提供している「API」をコマンドから実行できます。

　本章では「Twilio」が提供している「CLI」を利用して、「Twilio」の「API」を紹介します。

＊

　「Twilio CLI」の詳細については、以下のURLを参照してください。

https://jp.twilio.com/docs/twilio-cli/quickstart

3-1 | 「Twilio CLI」のインストール

　最初に「Twilio CLI」をインストールしましょう。

　「MaC OS」と「Windows」、それぞれの場合の、インストール方法と、設定方法を説明します。

■Mac OS

　「Mac OS」へのインストールは「Homebrew」※を用いて行ないます。

```
brew tap twilio/brew && brew install twilio
```

> ※「Homebrew」をインストールしていない方は、以下を参考にインストールしてください。
> https://brew.sh/

■Windows

「CLI」をインストールするために、「Node.js」の「バージョン10.12」以降が必要となります。

バージョンが低い場合は、下記のURLからダウンロードしてください。

```
https://nodejs.org/en/download/
```

```
npm install twilio-cli -g
```

セットアップ完了後は、以下のコマンドを実行して、正常に「Twilio CLI」がインストールされていることを確認します。

```
twilio
```

実行結果

```
unleash the power of Twilio from your command prompt

VERSION
  twilio-cli/2.10.3 darwin-x64 node-v14.13.0

USAGE
  $ twilio [COMMAND]

COMMANDS
  api           advanced access to all of the Twilio APIs
  autocomplete  display autocomplete installation instructions
  autopilot     Create, Update, Delete, List, Simulate, Import and
Export Twilio Autopilot Assistant
  debugger      Show a list of log events generated for the account
  email         sends emails to single or multiple recipients using
Twilio SendGrid
  feedback      provide feedback to the CLI team
  flex          Create, develop and deploy Flex plugins using the
Twilio CLI
  help          display help for twilio
  login         create a new profile to store Twilio Account
credentials and configuration
  phone-numbers manage Twilio phone numbers
```

```
  plugins         list available plugins for installation
  profiles        manage credentials for Twilio profiles
  rtc             A plugin which showcases real-time communication
applications powered by Twilio
  serverless      locally develop, debug and deploy to Twilio
Serverless
  signal2020      Enable SIGNAL Developer Mode
  token           Generate a temporary token for use in test
applications
```

> ※インストールしたタイミングによって、Versionに差異が生じる可能性があります。

■「プロファイル」の割り当て

「Twilioコマンド」が正常に実行できることを確認できたら、"「プロファイル」の割り当て"を行ないます。

手 順 「プロファイル」の割り当て

[1] Twilioのコンソールにログインし、「アカウントSID」と「Auth Token」を確認します。

図3-1-1 「アカウントSID」と「Auth Token」を確認

[2] 確認が完了したら、以下のコマンドを用いて「プロファイルの設定」を行ないます。

```
twilio login

>The Account SID for your Twilio Account or Subaccount: 上記で確認したア
```

```
カウントSIDを入力します

>Your Twilio Auth Token for your Twilio Account or Subaccount:  上記で
確認したAuthTokenを入力します
```

※セキュリティ上入力した文字は表示されません。

```
>Shorthand identifier for your profile:  プロファイルを識別できるように任意
の名前を入力します
```

※ここでつけた名前はCLIでのみ利用されます。

[3] プロファイルの確認、使うプロファイルを変更したい場合は、以下のコマンドで行ないます。

```
twilio profiles:list  // プロファイルの確認

ID                    Account SID                      ACTIVE

your-identifier       ACXXXXXXXXXXXXXXXXXXXXXXXXXX      true
your-identifier2      ACXXXXXXXXXXXXXXXXXXXXXXXXXX      true

twilio profiles:use your-identifier // プロファイルの変更
```

3-2 電話発信

電話発信についての詳細は、以下のリンクをご覧ください。

https://jp.twilio.com/docs/voice/make-calls

表3-2-1　よく使用するオプション

オプション名	概　要	設定例
--url	twiMLが取得できるURL	https://sample.com/twiml

--twiml	twiML	`<?xml version="1.0" encoding="UTF-8"?>`
		`<Response>`
		　`<Say language="ja-JP">Twilioへようこそ。</Say>`
		`</Response>`

--to	発信先電話番号	+819012345678
--from	発信元電話番号（「Twilio」上で購入した電話番号）	+815012345678

※「Twilio」で「電話番号」を指定する場合は、「国番号」を含む「E.164形式」を使います。
※「--from」にTwilioで購入した番号以外を設定した場合は、「非通知」で着信します。
※具体的なコマンドのオプションについては「--help」オプションを利用して確認してください。
[例]twilio api:core:calls:create --help

　以下のコマンドを利用することで、自分の電話から発信して「Twilioへようこそ」と音声を流すことができます。

コマンド

```
twilio api:core:calls:create ¥
    --twiml <?xml version="1.0" encoding="UTF-8"?><Response><Say
language="ja-JP">Twilioへようこそ。</Say></Response>¥
  --to +819012345678 ¥ // 自分の電話番号
  --from +815012345678 // twilioで購入した電話番号
```

3-3　SMS送信

SMS送信に関する詳細は、以下のリンクをご覧ください。

https://jp.twilio.com/docs/sms/send-messages

表3-3-1　よく使用するオプション

オプション名	概　要	設定例
--body	SMSで送信する本文	Twilioへようこそ
--to	発信先電話番号	+819012345678
--from	発信元電話番号 ※（「Twilio」上で購入した電話番号）	+15017122661

※「Twilio」でSMSを送信するためには、「アメリカの番号」を利用する必要があります。
※「日本の番号」を利用したい場合は、国内直収の高品質SMSを利用する必要があります。

コマンド

```
twilio api:core:messages:create ¥
    --body "こんにちはTwilio"¥
  --to +819012345678 ¥ // 自分の電話番号
  --from +15017122661// twilioで購入した電話番号
```

■「Verify」を使った電話番号検証

「Verify」は、以下の流れで電話番号検証を行ないます。

「Verify Service」の作成※　→「認証コード」の送信　→「認証コード」の認証

※「Verify Service」は初回のみ作成が必要です。
※「Verify Service」はTwilioコンソールからも作成・確認が可能です。

●「Verify Service」の作成

「Verify Service」の作成の詳細は、以下のURLをご覧ください。

https://jp.twilio.com/docs/verify/api

表3-3-2　よく使用するオプション

オプション名	概　要	設定例
--friendly-name	認証コード送信時に表示されるサービス名	サンプルシステム

コマンド

```
twilio api:verify:v2:services:create ¥
--friendly-name "サンプルシステム"¥
```

※実行結果のservice_sidをこの後利用するので、メモしておきます。

●「認証コード」の送信

「認証コード」の送信の詳細は、以下のURLをご覧ください。

https://jp.twilio.com/docs/verify/api/verification

表3-3-3　よく使用するオプション

オプション名	概　要	設定例
--service-sid	作成した service_sid	VAXXXXXXXXXXXXXXXXXXXXXX
--to	発信先電話番号	+819012345678
--channel	認証コードの送信チャネル call(電話)/sms/email	sms

コマンド

```
twilio api:verify:v2:services:verifications:create ¥
--service-sid VAXXXXXXXXXXXXXXXXXXXXXX¥
--to +819012345678
--channel sms
```

●「認証コード」の認証

「認証コード」の認証の詳細は、以下のURLをご覧ください。

```
https://jp.twilio.com/docs/verify/api/verification-check
```

表3-3-4　よく使用するオプション

オプション名	概　要	設定例
--service-sid	作成した service_sid	VAXXXXXXXXXXXXXXXXXXXX
--to	発信先電話番号	+819012345678
--code	認証コード	123456

コマンド

```
twilio api:verify:v2:services:verifications:create ¥
--service-sid VAXXXXXXXXXXXXXXXXXXXX¥
--to +819012345678
--code 123456
```

第2部

応用編

第**4**章

「ブラウザフォン」を作ってみよう！

本章では、実際に「Twilio」を使って、「ブラウザから自分の電話への発信」や「他のブラウザフォンからの着信」ができる、「ブラウザフォン」を作ります。

4-1　「ブラウザフォン」に必要な要素

「Twilio」は、電話を受発信するときに、「TwiML」という「XML形式」の「マークアップ言語」を用いて受発信時の挙動を定義します。

「ブラウザフォン」を作るときには、以下の要素が必要です。
・「ブラウザフォン」から発信する際の挙動を定義した「TwiML」を返す関数
・「ブラウザフォン」のIDや発信時の挙動などの情報をもった「token」を返す関数
・ブラウザフォン

4-2　「TwiML」を返す関数を作る

はじめに、「ブラウザフォンから発信する際の挙動」を定義した「TwiMLを返す関数」を作っていきます。

＊

「ブラウザフォン」から「発信」する状況としては、
①ブラウザフォン → 電話
②ブラウザフォン → ブラウザフォン
の2種類があります。

この2種類を「TwiML」で記載すると、以下のようになります。

①「ブラウザフォン」から「電話」へ発信する場合

```
<Response>
    <Dial answerOnBridge="true" callerId="+815012345678" // Twilioで購
入した電話番号 >
        <Number> +819012345678</Number>
    </Dial>
</Response>
```

②「ブラウザフォン」から「ブラウザフォン」へ発信する場合

```
<Response>
    <Dial answerOnBridge="true" callerId="client:alice">
        <Client>bob</Client>
    </Dial>
</Response>
```

　「Twilio」の各SDKは、「TwiML」を動的に生成する「Builder関数」を保持しています。

　今回利用するSDKは、「Twilio」のサーバレス環境「Functions」を使うという点を考慮して、「Twilio Functions」で利用できる「Node.js」です。

＊

　以下で、「Twilio Functions」の準備をします。

■「Twilio Functions」の準備

（1）はじめに、「Service」を作ります。

手　順 「Service」を作る

[1]「All Products & Services」から、「**Functions**」をクリックします。

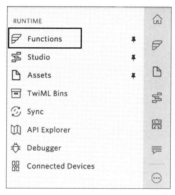

図4-2-1　「Functions」をクリック

[2]「Functions」の画面が表示されたら、「Create Service」をクリック。

図4-2-2　「Create Service」をクリック

[3]「Service Name」に英語で任意の名前を入力し、「Next」をクリックします。

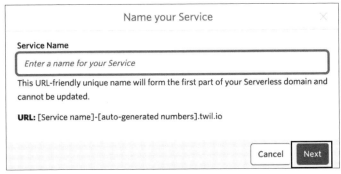

図4-2-3　任意の名前を入力

(2)次に、「電話発信用のTwiMLを返却するFunction」を作っていきます。

手　順　**「電話発信用TwiML」を返す「Function」を作る**

[1]「Add＋」をクリックし、「Add Function」をクリック。

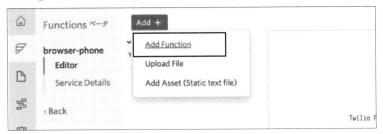

図4-2-4　「Add Function」をクリック

[2]標準だと「path_1」と表示されるので、それを「outgoing」に変更して、Enterキー（Macはreturnキー）を押して保存します。

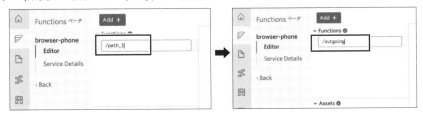

図4-2-5　「path_1」を「outgoing」に変更する

[3]出来た「function」の隣の「∨」をクリックして、「public」を選択。

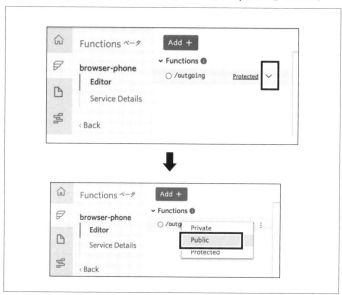

図4-2-6 「public」を選択

[4]選択できたら、「Function」の内容を、以下の「電話発信TwiML返却用Function」ソースコードで上書きします。

図4-2-7 「Function」の内容をソースコードで上書きする

電話発信TwiML返却用Function

```
exports.handler = function(context, event, callback) {
    let twiml = new Twilio.twiml.VoiceResponse();

    if(event.To) {
      // Wrap the phone number or client name in the appropriate TwiML
verb
      // if is a valid phone number
      var attr;
      var callerId;
      if (isAValidPhoneNumber(event.To)) {
        attr = 'number';
        callerId = context.CALLER_ID;
      } else {
        attr = 'client';
        callerId = 'client:' + event.From;
      }

      console.log(event.From);

      const dial = twiml.dial({
        answerOnBridge: true,
        callerId: callerId
      });

      dial[attr]({}, event.To);
    } else {
      twiml.say('Thanks for calling!');
    }

    callback(null, twiml);
};

/**
 * Checks if the given value is valid as phone number
 * @param {Number|String} number
 * @return {Boolean}
 */
function isAValidPhoneNumber(number) {
  return /^[\d\+\-\(\) ]+$/.test(number);
}
```

[5] 上書きしたら「Save」をクリックし、「Save」が完了したら、「Deploy All」をクリックします。

図4-2-8 「Save」が完了したら、「Deploy All」をクリック

＊

この後の「TwiML APP」作成時に、ここで作った「Function」のURLを利用します。

そのため、Deployが完了したら、Functionの隣の「3点リーダ」（⋮）をクリックして、「Copy URL」をクリックし、URLをメモしておきましょう。

図4-2-9 URLをメモ

＊

「電話発信TwiML」を返却するFunctionが作れたら、「TwiML APP」に登録して「TwiML APP SID」を取得します。

手 順 **「TwiML APP SID」を取得する**

[1]「All Product & Services」をクリックし、「Programmable Voice」を選びます。

図4-2-10 「Programmable Voice」を選ぶ

[2]「Programmable Voice」の画面が表示されたら、「TwiML」をクリックします

図4-2-11 「TwiML」をクリック

[3]続いて、「TwiML Apps」をクリック。

図4-2-12　「TwiML Apps」をクリック

[4] 画面が表示されたら、「Create new TwiML App」をクリックします。

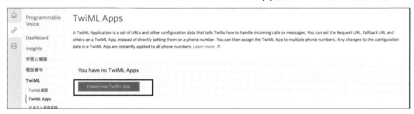

図4-2-13　「Create new TwiML App」をクリック

[5] 「TwiML APP作成画面」を開いたら、先ほどメモしておいた「**電話発信用 TwiML**」を返却するFunctionのURLを、Voiceの「**REQUEST URL**」に貼り付け、「**FRIENDRY NAME**」に適当な名前をつけて「**Create**」をクリックします。

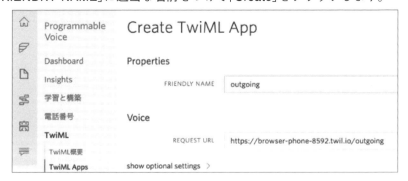

図4-2-14　「FRIENDRY NAME」に名前をつける

正常に作れると、「SID」が表示されます。

この「SID」は**次節**の手順で使うので、どこかにメモしておきましょう。

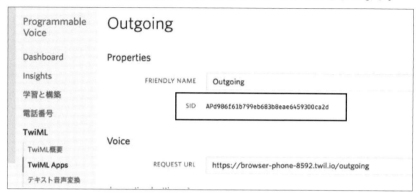

図4-2-15　「SID」はメモしておく

これで、「電話発信を行なう際の設定」は完了です。

4-3 「Tokenを取得するFunction」を作る

続いて「Tokenを取得するためのFunction」を作っていきます。

手順 「Tokenを取得するためのFunction」の作成

[1]「All Products & Services」を開き、「Functions」をクリック。

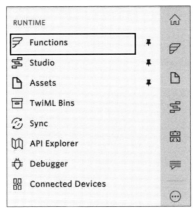

図4-3-1　「Functions」をクリック

[2]使う「Service」は**前節の手順**で作っているため、「Services」をクリックして作られている「サービス一覧」を開きます。

図4-3-2　「サービス一覧」を開く

[3]前節の手順で作った「Service名」をクリック。

図4-3-3 「Service名」をクリック

[4]画面が表示されたら、「Settings」の項目内の「Environment Variables」をクリックして、「環境変数 登録画面」を開きます。

図4-3-4 「環境変数 登録画面」を開く

[5]前節の手順で作った「TwiML App」のSIDに、「TWIML_APP_SID」と変数名をつけます。

図4-3-5 「TWIML_APP_SID」と変数名をつける

[6]「Add」をクリックして、「TWIML_APP_SID」を「環境変数」に登録。

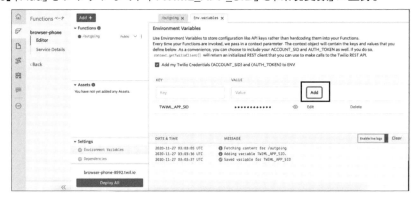

図4-3-6　「環境変数」に登録

[7]次に、「Twilio」で購入した電話番号を、「CALLER_ID」という変数名で設定
して、「Add」をクリックします。

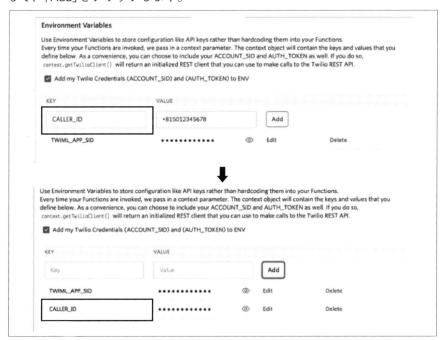

図4-3-7　電話番号を「CALLER_ID」という変数名で設定

[8]続いて、Token作成用の「Function」を作っていきます。
「Add」をクリックして、「Add Function」をクリック。

図4-3-8　「Add Function」をクリック

[9]標準だと「path_1」と表示されるので、それを「token」に変更して、Enterキー
（Macはreturnキー）を押して保存します。

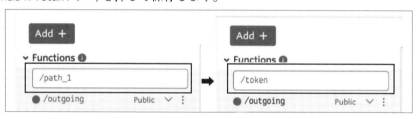

図4-3-9　「path_1」を「token」に変更

[10]できた「Function」の隣の「∨」をクリックして、「public」を選択。

図4-3-10　「public」を選択

[11]選択できたら、「Function」の内容を以下の「Token作成用 Function」ソース
コードで上書きします。

Token作成用 Function

```
exports.handler = function(context, event, callback) {

  let response = new Twilio.Response();

  // CORS Headersの設定をします
  let headers = {
    "Access-Control-Allow-Origin": "*",
    "Access-Control-Allow-Methods": "GET",
    "Content-Type": "application/json"
  };

  // headersに設定を渡します
  response.setHeaders(headers);

  response.setStatusCode(200);

  let ClientCapability = require('twilio').jwt.ClientCapability;

  const identity = event.identity;
  const capability = new ClientCapability({
    accountSid: context.ACCOUNT_SID,  // Functionsを利用する場合環境変数に
含まれています。
    authToken: context.AUTH_TOKEN // Functionsを利用する場合環境変数に含ま
れています。
  });

  capability.addScope(new ClientCapability.IncomingClientScope(identity));
  capability.addScope(new ClientCapability.OutgoingClientScope({
    applicationSid: context.TWIML_APP_SID, // TwiML App SIDを設定します
    clientName: identity, // ユーザー名を設定します
  }));

  // Include identity and token in a JSON response
  response.setBody({
    'identity': identity,
    'token': capability.toJwt()
  });

  callback(null, response);
};
```

[12]上書きが完了したら、「Save」をクリックし、「Save」が完了したら、「Deploy All」をクリック。

図4-3-11 「Deploy All」をクリック

＊

以上で「Tokenを取得するためのFunction」の準備は完了です。

＊

次節では、実際に電話をかける「ブラウザフォン」を作っていきます。

4-4   「ブラウザフォン」を作る

　「Client ID」を入力して「接続」をクリックすると、電話がかけられるように
なる「ブラウザフォン」を作っていきます。

＊

　この「ブラウザフォン」は、「電話番号への発信」と「ブラウザフォンへの発着信」
が可能です。

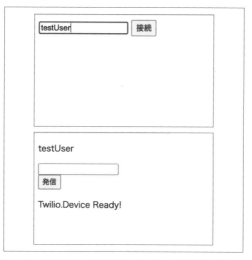

図4-4-1　IDを入れて「接続」を押すと、電話がかけられる

手 順 「ブラウザフォン」を作る

[1] それでは、はじめに以下のフォルダ構成になるようにファイルを作ります。

```
Browser-phone
        Index.html
        Index.js
```

[2] 「index.html」のファイルに、以下のソースコードを実装。

index.html

```
<!DOCTYPE html>
<html lang="ja">
    <head>
        <title>twilio phone</title>
```

```
        <script src="https://media.twiliocdn.com/sdk/js/client/v1.13/
twilio.min.js"></script>
        <script src="index.js"></script>
    </head>
    <body>
        <div>
            <input type="text" id="identity">
            <button id="connect" onclick="connect()">接続</button>
            <p id="display-name"></p>
            <input type="text" id='phone-number' hidden>
            <button id="outgoing" hidden onclick="makeCall()">発信</button>
            <button id="hangup" hidden onclick="hangup()">切断</button>
            <button id="reject" hidden onclick="reject()">拒否</button>
            <button id="accept" hidden onclick="accept()">接続</button>
        </div>
        <div>
            <p id="status"></p>
        </div>
    </body>
</html>
```

[3]続いて、「javascript」側を実装していきます。

　ソース上の「'your-url'」の部分は、自分で作った「Functions」のURLに置換します。

> ※「Functions」のURLを取得するには「Functions」の画面を開き、「Functions」
> の横の「…」をクリックして「Copy URL」をクリック。

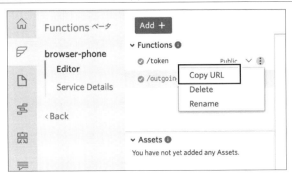

図4-4-2 「Copy URL」をクリック

index.js

```js
const device = new Twilio.Device;
var request = new XMLHttpRequest();

var connectObj = null;

// 接続ボタン押下
function connect() {
    var identity = document.getElementById('identity').value;
    // Twilioセットアップ
    request.open('GET', 'your-url?identity=' + identity, true);

    request.onload = function () {
        var data = JSON.parse(this.response);
        var option = {
            edge: 'tokyo'
        }
        device.setup(data.token, option);
        updateMessageByElement('display-name', data.identity);

        device.on('ready', function (device) {
            showReadyDiaplay();
            updateMessageByElement('status', 'Twilio.Device Ready!');
        });

        device.on('error', function (error) {
            showDefaultDiaplay();
            updateMessageByElement('status', 'Twilio.Device Error: ' +
error.message);
        });

        device.on('connect', function (conn) {
            showOutgoingDisplay();
            updateMessageByElement('status', 'Successfully
established call!');
        });

        device.on('disconnect', function (conn) {
            showReadyDiaplay();
            updateMessageByElement('status', 'Call ended.');
        });

        device.on('incoming', function (conn) {
```

```
            updateMessageByElement('status', 'Incoming connection
from ' + conn.parameters.From);
            connectObj = conn;
            showIncommingDiaplay();
        });

    };
    request.send();
}

// 発信ボタン押下
function makeCall() {
    var params = {
        To: document.getElementById('phone-number').value,
        From: document.getElementById('display-name').textContent
    };

    if (device) {
        updateMessageByElement('status','Calling ' + params.To +
'...');
        showOutgoingDisplay();
        var outgoingConnection = device.connect(params);
        outgoingConnection.on('ringing', function () {
            console.log('Ringing...');
        });
    }
}

// 接続ボタン押下
function hangup() {
    updateMessageByElement('status','Hanging up...');
    if (device) {
        device.disconnectAll();
    }
}

// 拒否ボタン押下
function reject() {
    if (connectObj != null) {
        connectObj.reject();
        showReadyDiaplay();
    }
}
```

```
// 接続ボタン押下
function accept() {
    if (connectObj != null) {
        connectObj.accept();
        showOutgoingDisplay();
    }
}

// 画面更新用メソッド
function updateMessageByElement(elementId, message) {
    document.getElementById(elementId).innerHTML = message;
}

function showReadyDiaplay() {
    updateShowOrHideByElement('identity', 'hide');
    updateShowOrHideByElement('connect', 'hide');
    updateShowOrHideByElement('display-name', 'show');
    updateShowOrHideByElement('outgoing', 'show');
    updateShowOrHideByElement('phone-number', 'show');
    updateShowOrHideByElement('hangup', 'hide');
    updateShowOrHideByElement('reject', 'hide');
    updateShowOrHideByElement('accept', 'hide');
}

function showDefaultDiaplay() {
    updateShowOrHideByElement('identity', 'show');
    updateShowOrHideByElement('connect', 'show');
    updateShowOrHideByElement('display-name', 'hide');
    updateShowOrHideByElement('outgoing', 'hide');
    updateShowOrHideByElement('phone-number', 'hide');
    updateShowOrHideByElement('hangup', 'hide');
    updateShowOrHideByElement('reject', 'hide');
    updateShowOrHideByElement('accept', 'hide');
}

function showOutgoingDisplay() {
    updateShowOrHideByElement('identity', 'hide');
    updateShowOrHideByElement('display-name', 'show');
    updateShowOrHideByElement('connect', 'hide');
    updateShowOrHideByElement('outgoing', 'hide');
    updateShowOrHideByElement('phone-number', 'show');
    updateShowOrHideByElement('hangup', 'show');
    updateShowOrHideByElement('reject', 'hide');
    updateShowOrHideByElement('accept', 'hide');
```

```
⤵
}

function showIncommingDiaplay() {
    updateShowOrHideByElement('identity', 'hide');
    updateShowOrHideByElement('display-name', 'show');
    updateShowOrHideByElement('connect', 'hide');
    updateShowOrHideByElement('outgoing', 'hide');
    updateShowOrHideByElement('phone-number', 'show');
    updateShowOrHideByElement('hangup', 'hide');
    updateShowOrHideByElement('reject', 'show');
    updateShowOrHideByElement('accept', 'show');
}

function updateShowOrHideByElement(elementId, displayStatus) {
    if (displayStatus == 'show') {
        document.getElementById(elementId).style.display = "block";
    } else {
        document.getElementById(elementId).style.display = "none";
    }
}
```

■動作確認

ファイルが作成できたら、「Twilio」にアップロードして動作を確認しましょう。

> ※ブラウザで「index.html」を開いても動作を確認できます。

手 順 動作の確認

[1]「Functions」の画面から「Add」をクリックして、「Upload File」を選択します。

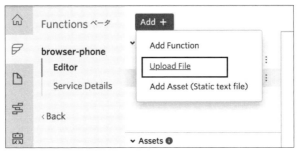

図4-4-3 「Upload File」を選択

【2】ファイル選択画面が開いたら、上記の実装した「index.html」と「index.js」を
追加して、「upload」をクリック。

図4-4-4　「upload」をクリック

【3】アップロードが完了したら、最後に、「Deploy All」をクリックして、デプロ
イします。

図4-4-5　デプロイする

[4] デプロイが完了したら、「index.html」の横にある「…」をクリックして、「CopyURL」を選択します。

図4-4-6 「CopyURL」を選択

[5] コピーした、URL をブラウザに貼り付けて、画面を開きます。

表示された入力欄にブラウザフォン同士が通話するために、任意の識別名を入力して「接続」をクリック。

図4-4-7 任意の識別名を入力して「接続」をクリック

[6] 「Twilio.Device Ready！」と表示されたら、電話をかける準備は完了です。

図4-4-8 電話をかける準備が完了した

「+819012345678」のように、(a)電話番号の先頭の「0」を取って、(b)国番号（+81）を追加した形で、「発信」ボタンをクリックして電話をかけてみましょう。

第5章

「自動 音声応答」を作ってみよう!

　「Studio」を利用すると、電話の「自動 音声応答」を
ビジュアル的に素早く構築できます。

　本章では、(a)「Studio」を用いてユーザーの入力
(プッシュ、音声)を取得し、(b)入力内容の確認後、(c)
「SMSの送信」と「電話の転送」を行なう、「自動 音声応
答」を作っていきます。

5-1 「新規フロー」の作成

まず、「Studio」のフローを作ります。

手 順 「Studio」のフローを作る

[1]「All Products & Services」をクリックし、「Studio」を選択。

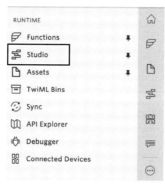

図5-1-1 「Studio」を選択

【2】「Studio」の画面が開いたら、「フローを管理する」をクリックします。

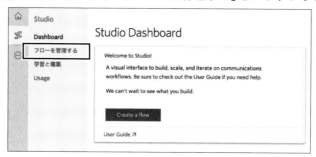

図5-1-2 「フローを管理する」をクリック

【3】「Create new Flow」をクリック。

図5-1-3 「Create new Flow」をクリック

【4】任意のフロー名を入力し、「Next」をクリックします。

図5-1-4 フロー名を入力し、「Next」をクリック

■「Studio」のテンプレート

「Studio」では、電話の「自動応答」や「転送」、または、SMSを用いた「チャットボット」など、さまざまなテンプレートが事前に準備されています。

図5-1-5　さまざまなテンプレート

＊

その中でも、本書では「Start from scratch」を選択します。
「Start from scratch」はすべて自分で作るテンプレートです。

＊

次の図が「Studio」の「フロー作成画面」です。

　「Twilio Studio」では、「Twilio」のさまざまな機能を「**WIDGET**」と呼ばれるパーツとして提供しており、このパーツをつなぎ合わせて「電話応答」のフローを作ります。

＊

　「フロー作成画面」を構成しているのは、「**WIDGET　LIBRARY**」と書かれた**図右側**の「WIDGETの一覧」と、「WIDGET」を配置してつなぎ合わせる**図左側**の「キャンパス」画面です。

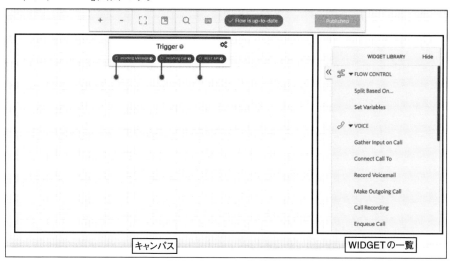

図5-1-6　フロー作成画面

5-2　「自動応答フロー」の作成

　本節では、**次表**の「WIDGET」を利用して、「電話対応フロー」を作っていきます。

＊

　具体的には、"着信したら、(a) 発信者にどの「問い合わせ窓口」に接続したいかの入力を求め、(b) 入力された内容に応じて電話を転送する"、というフローになります。

> ※すべてのWIDGETは、下記を参照
> https://jp.twilio.com/docs/studio/widget-library

表5-2-1　使用するWIDGET

WIDGET名	WIDGET	役　割
Trigger		フローの開始となるWidget
Gather Input On Call		音声を流しながら、ユーザーの入力を受け取るWidget
Split Based On...		入力値によってフローを分岐するWidget
Say/ Play		音声を流すWidget
Connect Call To		電話を転送するWidget

手 順 「自動応答フロー」を作る

[1] まず、着信時に音声を流しながらユーザーの入力を受け付けるために、「WIDGET LIBLARY」から「Gather Input On Call」を、キャンパス上にドラッグ&ドロップして配置します。

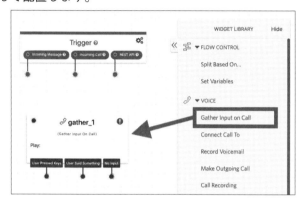

図5-2-1 「Gather Input On Call」をキャンパス上に配置

[2] 「Gather Input On Call」を、次の内容で設定。

表5-2-2 「Gather Input On Call」の設定内容

パラメータ名	役 割	設定値
TEXT TO SAY	自動音声で話す言葉を設定	お電話ありがとうございます。営業におつなぎする場合は1を押すか営業とおっしゃってください。サポートにおつなぎする場合は2を押すかサポートとおっしゃってください。
LANGUAGE	自動音声で話す言葉の言語を設定	Japanese
STOP GATHERING AFTER Number Of Digits	入力を終了する桁数を設定	1
SPEECH RECOGNITION LANGUAGE	音声認識する際に用いる言語	Japanese(Japan)
SPEECH RECOGNITION HINTS	音声認識させる際のヒントの一覧	'営業','サポート'

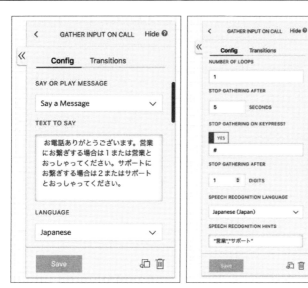

図5-2-2 「Gather Input On Call」の設定

[3]設定ができたら、作った「WIDGET」と「Trigger」の「Incoming Call」をつなぎます。

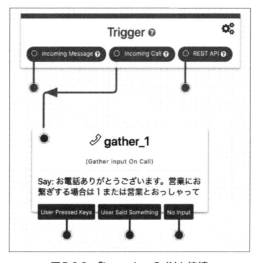

図5-2-3 「Incoming Call」と接続

[4] 続いて、ユーザーの「キー入力」に応じた分岐部分を作ります。

「Split Based On…」を、キャンバス上にドラッグ＆ドロップして配置。

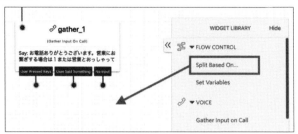

図5-2-4　「Split Based On…」を配置

[5] 「split_1」に次の値を設定。

分岐条件は「Transitions タブ」の「＋ボタン」で追加できます。

表5-2-5　「split_1」に設定する値

パラメータ名	役　割	設定値
VARIABLE TO TEST	条件分岐に利用する値	widgets.gather_1.Digits
分岐条件1	比較する条件	Equal To
分岐条件1	比較する値	1
分岐条件2	比較する条件	Equal To
分岐条件2	比較する値	2

図5-2-5　各値を設定する

[6] 「gether_1」の「User Pressed Keys」と「split_1」をつなぎます。

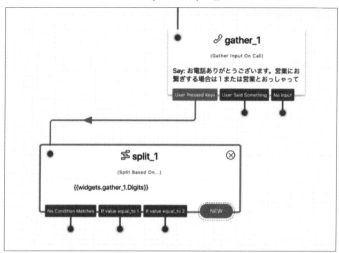

図5-2-6 「User Pressed Keys」と「split_1」をつなぐ

[7] ユーザーが「1」を押したときには電話を転送します。

「WIDGET LIBRARY」から「Connect Call To」をキャンバス上にドラッグ＆ドロップして配置。

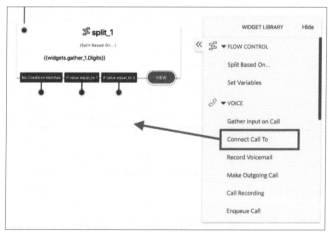

図5-2-7 「Connect Call To」を配置

[8]「connect_call_1」に次の値を設定します。

表5-2-6 「connect_call_1」に設定する値

パラメータ名	役 割	設定値
CONNEXT CALL TO	転送先の属性	Single Number
-	転送先	任意の電話番号（E.164形式） ※先頭0を取り、+81を付与した形 例：+8190123445678
CALLER ID	発信者番号	「Twilio」で取得した任意の番号 例：+815012345678 ※「Twilio」で取得した電話番号以外を設定すると非通知で表示される

図5-2-8 「connect_call_1」に各値を設定する

[9]「split_1」の「if value equal_to 1」と「connect_call_1」をつなぎます。

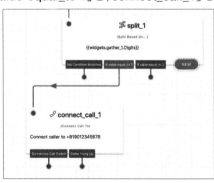

図5-2-9 「if value equal_to 1」と「connect_call_1」をつなぐ

[10] ユーザーが「2」を押したときは、自動音声を流して電話を切ります。

　「WIDGET　LIBRARY」から「Say/Play」をキャンバス上にドラッグ＆ドロップして配置。

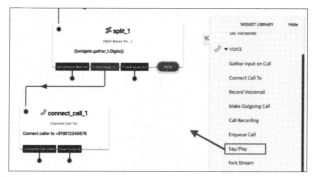

図5-2-10　「Say/Play」をキャンバス上に配置

[11] 「say_play_1」に次の値を設定します。

表5-2-7　「say_play_1」に設定する値

パラメータ名	役　割	設定値
TEXT TO SAY	発話する内容	サポートは現在受け付けておりません。時間をおいておかけ直しください。
LANGUAGE	発話する言語	Japanese

図5-2-11　「say_play_1」に各値を設定する

[12] 「split_1」の「if value equal_to 2」と「say_play_1」をつなぎます。

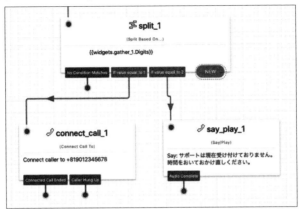

図5-2-12 「if value equal_to 2」と「say_play_1」をつなぐ

[13] ユーザーが発話した際に音声認識をさせ、条件分岐する処理を追加します。
「WIDGET LIBRARY」から「Split based on」をキャンパス上にドラッグ＆ド
ロップして配置。

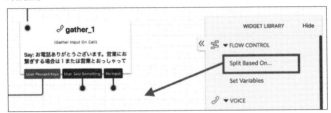

図5-2-13 「Split based on」を配置

[14] 「split_2」に次の値を設定。
分岐条件は「Transitionsタブ」の「＋ボタン」で追加できます。

表5-2-8 「split_2」の設定値

パラメータ名	役　割	設定値
VARIABLE TO TEST	条件分岐に利用する値	widgets.gather_1. SpeechResult
分岐条件1	比較する条件	Equal To
分岐条件1	比較する値	営業
分岐条件2	比較する条件	Equal To
分岐条件2	比較する値	サポート

図5-2-14 「split_2」に各値を設定

[15] 「gather_1」の「User Said Something」と「split_2」をつなぎます。

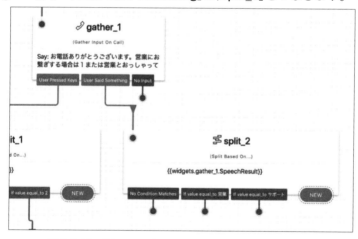

図5-2-15 「User Said Something」と「split_2」をつなぐ

[16] 「split_2」の「if value equal_to 営業」と「connect_call_1」をつなぎ、「if value equal_to サポート」と「say_play_1」をつなぎます。

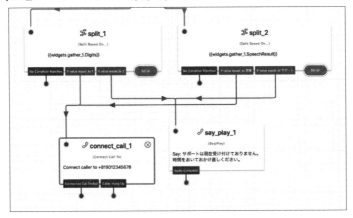

図5-2-16　各WIDGETを接続

*

以上でフローは完成です。

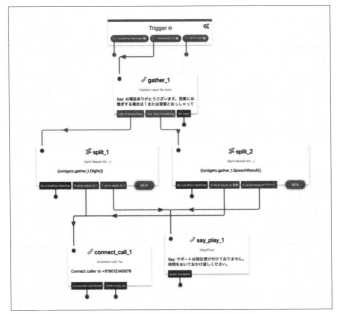

図5-2-17　完成図

完成したフローを公開するために、画面上部の「Publish」をクリックします。

図5-2-18 「Publish」をクリック

フローが公開できたら、Twilio上で購入した電話番号の設定画面を開き、作ったフローを設定します。

＊

「A CALL COMES IN」の左側に「Studio Flow」を選択し、右側は作ったフローを選択。

設定が完了したら、「Save」をクリックします。

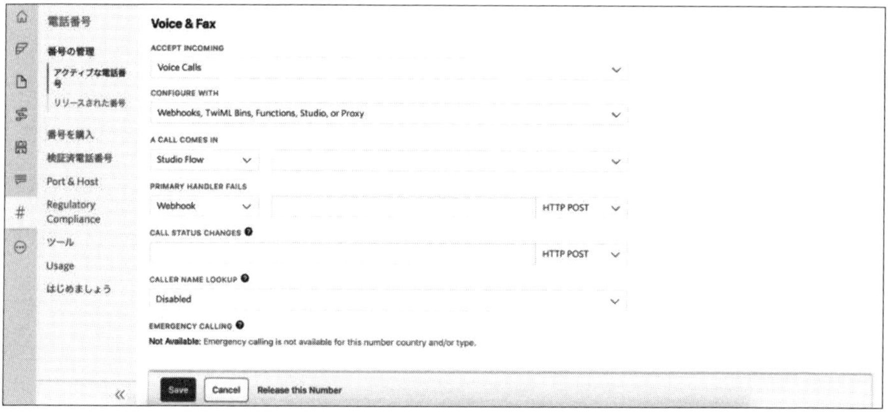

![電話番号設定画面のスクリーンショット]

図5-2-19 「Save」をクリック

以上で、作成は完了です。

＊

さっそく設定した電話番号に電話をかけて、正しく動作するか試してみてください。

第6章

「Twilio」の活用法

> 本章では「自動音声応答」を活用したシステムと、
> その作り方を紹介します。

6-1 「再配達」受け付けアプリ

「Twilio」の「Studio」で「コール・フロー」を、「GAS」(Google Apps Script)でAPIを作ってユーザーの入力データを「Googleスプレッドシート」に保存することで、「受け付け番号」と「再配達日時」を受け付ける、「**再配達の受け付け電話**」のような機能を作ります。

■「GAS」側のAPIの作り方

まず、ユーザーからの入力を保存するために「GAS」でデータ保存用のAPIを作ります。

手 順 データ保存用のAPIを作る

[1] はじめに、新しく保存される「スプレッドシート」を作っていきます。

この「スプレッドシート」では、ユーザーが入力した「受け付け番号」「受け取り希望日」「配達時間帯」を保存します。

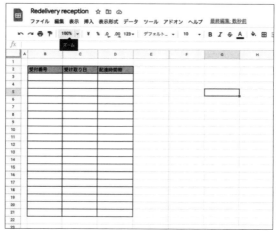

図6-1-1 「入力データ」を保存するための「スプレッドシート」を作る

[2]続いて、API を作っていきます。

「スプレッドシート」の「ツール」から「スクリプトエディタ」を選択。

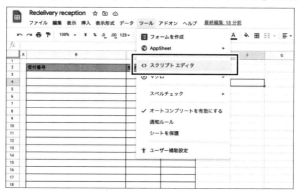

図6-1-2 「スクリプトエディタ」を選択する

[3]開いた「スクリプトエディタ」に、次の「ソースコード」を実装。

```
// postメソッド
function doPost(e) {
  const jsonString = e.postData.getDataAsString();
  const data = JSON.parse(jsonString);

  // 受け付け番号
  const number = data.number;
  // 配達希望日
  const date = data.date;
  // 配達時間帯
  const timeZone = data.timeZone;

  // スプレッドシートに書き込み
  var ss = SpreadsheetApp.getActiveSpreadsheet();
  var sheet = ss.getSheetByName("シート1");

  sheet.appendRow(['',number, date, timeZone]);
}
```

[4]「ソースコード」が書けたら、APIを公開します。

　　画面右上の「デプロイ」ボタンをクリック。

図6-1-3　「デプロイ」ボタンをクリック

[5]「種類の選択」から「ウェブアプリ」を選択します。

図6-1-4　「ウェブアプリ」を選択

[6]次の内容を設定して「デプロイ」をクリック。

表6-1-1　設定内容

パラメータ名	役　割	設定値
次のユーザーとして実行	アプリが実行されたときのユーザー	自分
アクセスできるユーザー	このAPIにアクセスできるユーザー	全員

図6-1-5　「デプロイ」をクリック

[7]「アクセスを承認」をクリックします。

図6-1-6 「アクセスを承認」をクリック

[8]公開に利用する「Googleアカウント」を選択。

図6-1-7 Googleアカウントを選択する

[9]「許可」をクリックします。

図6-1-8 「許可」をクリック

[10]次の図の画面が表示されたら、公開完了です。

「Twilio」側の設定で「ウェブ・アプリ」のURLを利用するので、この段階でメモしておきましょう。

「完了」をクリックして、画面を閉じます。

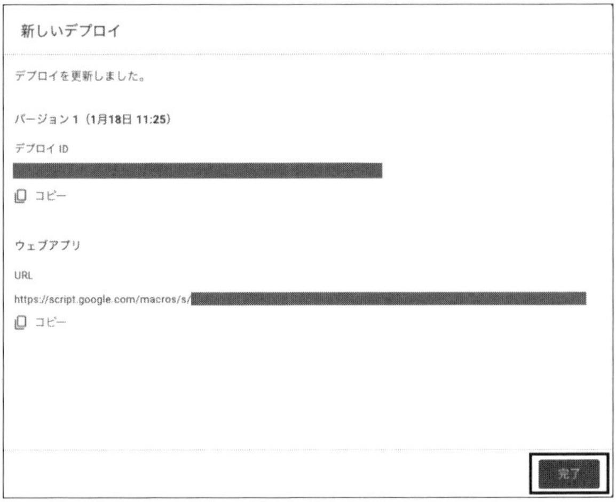

図6-1-9 「URL」をメモして「完了」をクリック

Tips エラー表示の対処

　「このアプリはGoogleで確認されていません」と出たら、以下の手順に従って設定してください。

手　順 「このアプリはGoogleで確認されていません」と表示された場合

【1】「詳細」をクリックします。

図6-1-10　「詳細」をクリック

【2】「プロジェクト名(安全ではないページ)に移動」をクリックします。

図6-1-11　「プロジェクト名(安全ではないページ)に移動」をクリック

■「Twilio」側の「自動音声応答」を作る

続いて、「Twilio」側の「自動音声応答」を作ります。

手　順　「自動音声応答」を作る

[1] 「All Products & Services」の中から、「Studio」を選択します。

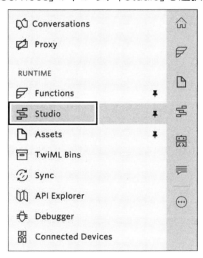

図6-1-12　「Studio」を選択

[2] 「Studio」の画面が開いたら、「Create a flow」をクリック。

図6-1-13　「Create a flow」をクリック

[3]「FRIENDLY　NAME」には適当な名前を入力します。

図6-1-14　「FRIENDLY　NAME」に名前を入力

[4]「Start from scratch」（左上）を選択。

図6-1-15　「Start from scratch」を選択

[5] 次のように「受け付け電話のフロー」を組み立てていきます。

入電したときに、「音声ガイダンス」を流します。

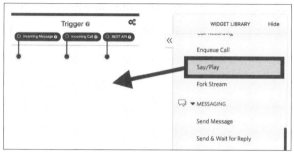

図6-1-16　フローの組み立て

[6] 「say_play_1」を次の内容で設定。

表6-1-1　「say_play_1」の設定内容

パラメータ名	役　割	設定値
TEXT TO SAY	発話する文言	お電話ありがとうございます、再配達受け付け電話です。ガイダンスに従って、入力してください。
LANGUAGE	発話する言語	Japanese

図6-1-17　「say_play_1」を設定

[7] 設定ができたら、「Trigger」の「Incoming Call」とつなぎます。

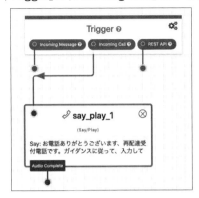

図6-1-18 「Incoming Call」とつなぐ

[8] ガイダンスを流した後に、ユーザーから再配達の受け付けをするフローを作ります。

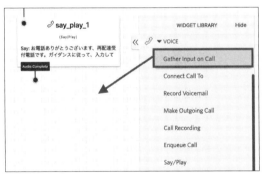

図6-1-19 再配達の受け付けフローを作る

[9]「gather_1」を次の内容で設定。

表6-1-2 「gather_1」の設定内容

パラメータ名	役 割	設定値
TEXT TO SAY	自動音声で話す言葉を設定	受け付け番号6桁を入力してください。
LANGUAGE	自動音声で話す言葉の言語を設定	Japanese
STOP GATHERING AFTER Number Of Digits	入力を終了する桁数を設定	6

図6-1-20 「gather_1」を設定する

[10] 設定が完了したら、「say_play_1」とつなぎます。

図6-1-21 「say_play_1」とつなぐ

[11] 再配達の希望日の入力を促します。

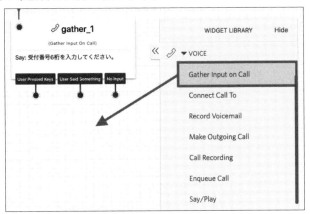

図6-1-22　再配達の希望日の入力を促す

[12] 「gather_2」を次の内容で設定。

表6-1-3　「gather_2」の設定内容

パラメータ名	役　割	設定値
TEXT TO SAY	自動音声で話す言葉を設定	配達希望日を4桁で入力してください。
LANGUAGE	自動音声で話す言葉の言語を設定	Japanese
STOP GATHERING AFTER Number Of Digits	入力を終了する桁数を設定	4

図6-1-23　「gather_2」を設定する

[13]設定が完了したら、「gather_1」とつなぎます。

図6-1-24 「gather_1」とつなぐ

[14]配達希望の時間帯の入力を促します。

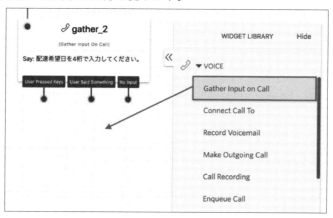

図6-1-25 配達希望の時間帯の入力を促す

[15]「gather_3」を次の内容で設定。

表6-1-4 「gather_3」の設定内容

パラメータ名	役　割	設定値
TEXT TO SAY	自動音声で話す言葉を設定	配達希望時間帯を1桁で入力してください
LANGUAGE	自動音声で話す言葉の言語を設定	Japanese
STOP GATHERING AFTER Number Of Digits	入力を終了する桁数を設定	1

[16]設定が完了したら「gather_2」とつなぎます。

図6-1-26 「gather_2」とつなぐ

【17】冒頭で作った「ウェブ・アプリのURL」に「リクエスト」を送り、入力結果を
スプレッドシートに保存。

「APIリクエスト」を実行するための「WIDGET」を、キャンパスに配置します。

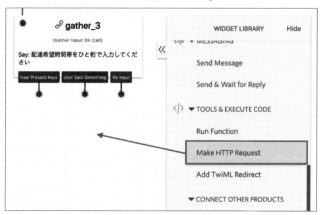

図6-1-27 「APIリクエスト」を実行するWIDGETを配置

【18】「http_1」を次の内容で設定。

表6-1-5 「http_1」の設定内容

パラメータ名で設定	役　割	設定値
R E Q U E S T METHOD	HTTP メソッド	POST
REQUEST URL	リクエストを 行 な う URL	作成したウェブ・アプリのURLを設定する。 例： https://script.google.com/macros/s/xxxxxxxxxxxx / exec
C O N T E N T TYPE	コンテンツ タイプ	Application/JSON
R E Q U E S T BODY	リクエストのBody	{"number":{{widgets.gather_1.Digits}}, "date":{{widgets. gather_2.Digits}},"timeZone":{{widgets.gather_3. Digits}}}

図6-1-28 「http_1」を設定する

[19] 設定できたら、「gather_3」とつなぎます。

図6-1-29 「gather_3」とつなぐ

*

完成図は次のようになります。

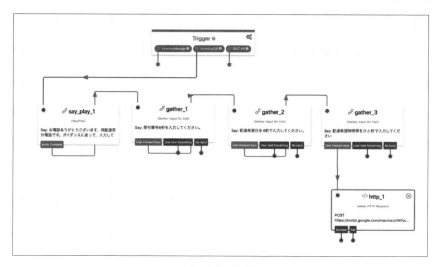

図6-1-30　完成図

ここまでできたら、画面上部の「Publish」をクリック。

図6-1-31　「Publish」をクリック

最後に、購入した「電話番号」の設定画面を開き、作ったフローを設定します。

図6-1-32　電話番号に作ったフローを設定

6-2　電話転送アプリ

「Twilio」に着信した通話を、「別の電話番号」に転送します。

また、転送先で電話に出なかったときには、自動音声で「留守番電話」を「録音」し、「録音」が完了したら、「SMSで通知」する機能を作ります。

■「通話を転送」するフローを作る

それではさっそく、「Twilio」に「着信」があった通話を「転送」するフローを作っていきましょう。

手 順　「Twilio」にかかってきた通話を「転送」するフローの作成

[1]「All Products & Services」の中から、「Studio」を選択します。

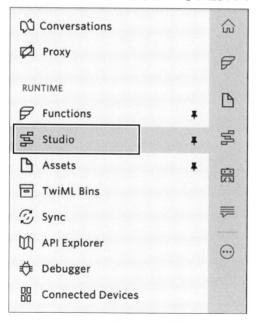

図6-2-1　「Studio」を選択

[2] 「Studio」の画面が開いたら、「**Create a flow**」をクリック。

図6-2-2　「Create a flow」をクリック

[3] 「FRIENDLY　NAME」には適当な名前を入力します。

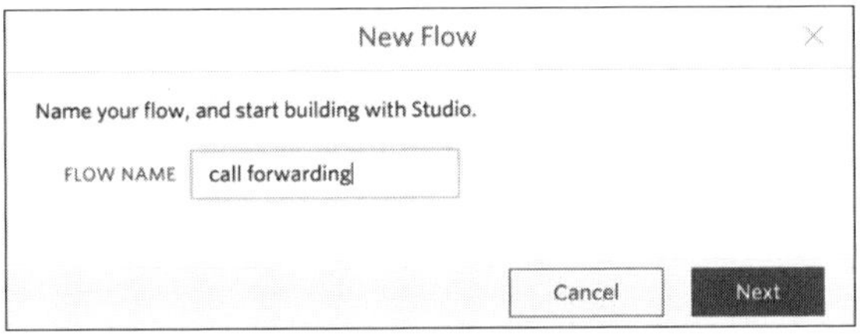

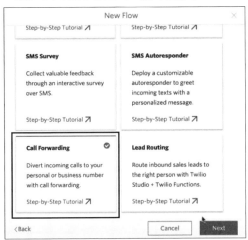

図6-2-3　「FRIENDLY　NAME」に名前を入力

[4] テンプレート一覧から「Call Forwarding」を選択。

図6-2-4　「Call Forwarding」を選択

[5]「Connect Call To」が配置されている状態でフローが作られます。

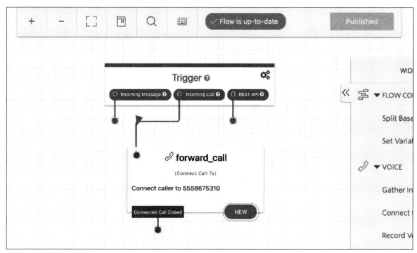

図6-2-5 「Connect Call To」が配置済みのフロー

[6]「forward_call」を次の設定値で変更。

表6-2-1 「forward_call」の設定値

パラメータ名	役 割	設定値
CONNECT CALL TO	転送したい電話番号	任意の電話番号（E.164形式） ※先頭0を取り、+81を付与した形 例：+8190123445678
CALLER ID	発信者番号	Twilioで取得した任意の番号 例：+815012345678 ※Twilioで取得した電話番号以外を設定すると、「非通知」で表示される

図6-2-6 「forward_call」を設定する

■「自動音声の再生」「音声録音」「SMS発信」のフローを作る

次に、電話に出れなかったときに「自動音声」を再生して「メッセージ音声」を「録音」し、「かかってきた電話番号」と「録音した内容」を「SMS」で送るフローを作ります。

手　順 「自動音声再生機能」の作成

[1]「Split Based On」を、「WIDGET　LIBRARY」から「キャンバス」へ、ドラッグ＆ドロップで移動させます。

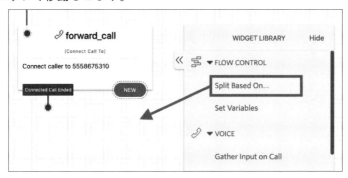

図6-2-7 「Split Based On」を「キャンバス」へ移動

[2]「split_1」に、次の値を設定します。

「分岐条件」は、「Transitionsタブ」の「＋ボタン」を押すと、追加できます。

表6-2-2 「split_1」の設定値

パラメータ名	役　割	設定値
VARIABLE TO TEST	条件分岐に使う値	widgets.forward_call.DialCallStatus
分岐条件1	比較する条件	Matches Any Of
分岐条件1	比較する値	busy,no-answer,failes

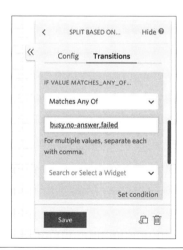

図6-2-8 「split_1」の値を設定する

[3] 設定が完了したら、「forward_call」とつなぎます。

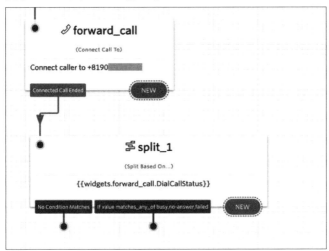

図6-2-9 「forward_call」とつなぐ

[4] 続いて「Say/Play」を、「WIDGET　LIBRARY」からドラッグ＆ドロップでキャンバスに移動。

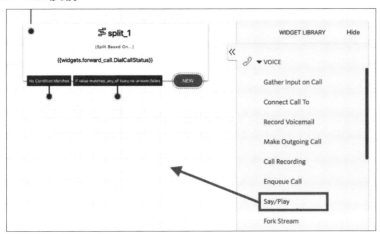

図6-2-10 「Say/Play」をキャンバスに移動

[5] 「say_play_1」に次の値を設定。

表6-2-3 「say_play_1」の設定値

パラメータ名	役 割	設定値
TEXT TO SAY	発話する文言	現在電話に出ることができません。発信音の後にメッセージをどうぞ。
LANGUAGE	発話する言語	Japanese

[6] 設定が完了したら、「split_1」とつなぎます。

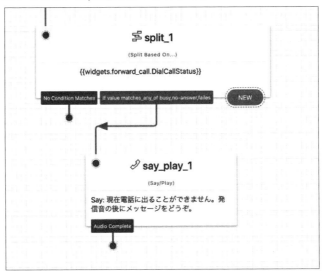

図6-2-11 「split_1」とつなぐ

＊

「音声を録音する機能」を追加していきます。

手 順 音声録音機能の作成

[1] 「Record Voicemail」を「WIDGET LIBRARY」からドラッグ＆ドロップで
キャンバスに移動。

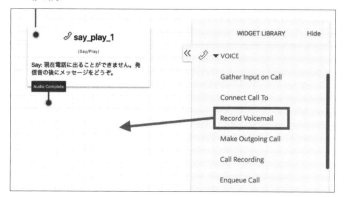

図6-2-12 「Record Voicemail」をキャンバスに移動

[2] 「Say/Play」とつなぎます。

図6-2-13 「Say/Play」とつなぐ

*

最後に、「SMS送信部分」を作ります。

手 順 「SMS送信機能」の作成

[1] 「Send Message」を「WIDGET LIBRARY」からドラッグ＆ドロップでキャンバスに移動。

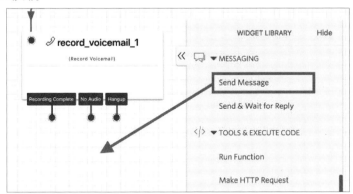

図6-2-14 「Send Message」をキャンバスへ移動させる

[2] 「send_message_1」に次の内容を設定します。

表6-2-4 「send_message_1」の設定内容

パラメータ名	役　割	設定値
MESSAGE BODY	送付する文言	{{trigger.call.From}} から電話がありました。{{widgets.record_voicemail_1.RecordingUrl}}
SEND MESSAGE FROM	送信元番号	「Twilio」で購入したSMSが利用可能な番号 例：+1123456789 ※TwilioでSMSを送信する際にはアメリカの番号を使います。
SEND MESSAGE TO	送信先番号	SMSを送信したい番号 例：+819012345678

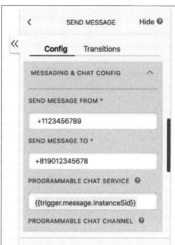

図6-2-15 「send_message_1」を設定する

[3] 設定が完了したら、「Record Voicemail」とつないで、フローは完成です。

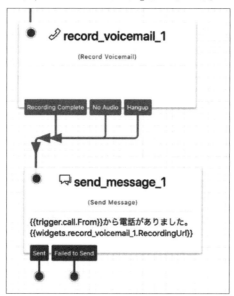

図6-2-16 「Record Voicemail」とつなぐ

最後に、画面上部の「Publish」をクリックします。

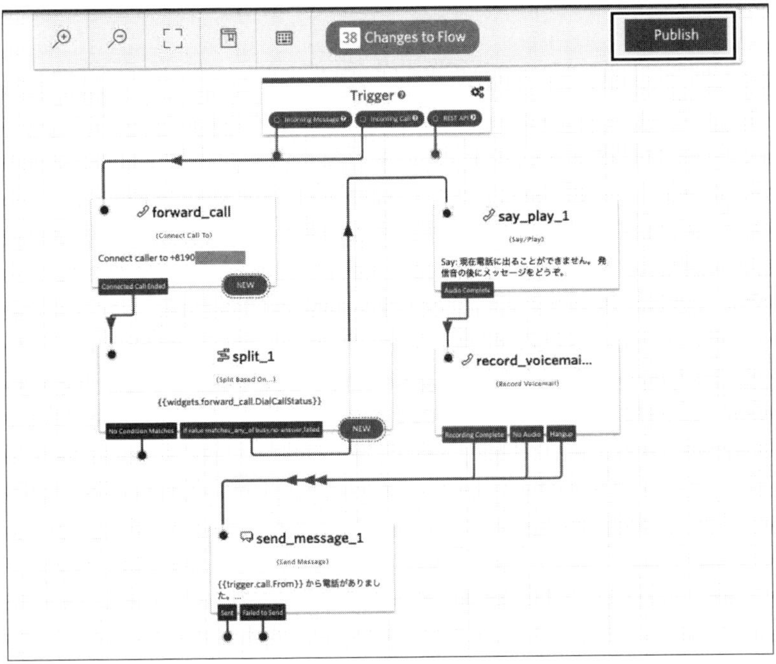

図6-2-17 「Publish」をクリック

＊

フローが完成したら、「電話番号」と紐付けましょう。

「All Products & Services ＞ Phone Numbers ＞ 番号の管理 ＞ アクティブ な電話番号 ＞ 購入した番号」の順で、「電話番号の設定画面」を開きます。

＊

「A CALL COMES IN」に「Studio Flow」と「作ったFlow」を設定し、「Save」 ボタンをクリックします。

図6-2-18 設定が出来たら「Save」をクリック

6-3 「SIPソフトフォン」との連携

本節では、「Twilio」の「SIPレジストレーション機能」を使ってスマートフォンを「SIPソフトフォン」として利用する方法を解説します。

「Twilio」は「SIPレジストレーション機能」を保有しており、この機能を使って「Twilio」に「SIPレジスト」すれば、「SIPサーバ」を保有していなくても「SIPソフトフォン」を利用可能です。

■「SIPドメイン」の作成

はじめに「SIPドメイン」を作ります。

手 順 SIPドメインの作成

[1]「All Products & Services」をクリックして「Programmable Voice」を選びます。

図6-3-1 「Programmable Voice」を選択

[2]「Programmable Voice」の画面が開いたら「SIPドメイン」をクリック。

図6-3-2 「SIPドメイン」をクリック

[3]「IPアクセス制御リスト」をクリックします。

図6-3-3 「IPアクセス制御リスト」をクリック

[4] 続いて、「Create new IP Access Control List」をクリックします。

図6-3-4 「Create new IP Access Control List」をクリック

[5] 次の内容を入力して「Create ACL」をクリック。

表6-3-1 「IPアクセス制御リスト」設定内容

パラメータ名	役　割	設定値例
FRIENDLY NAME (Properties)	IPアドレスのリストに付ける分かりやすい名前	SIP soft phone
CIDR NETWORK ADDRESS	SIPソフトフォンが接続されているグローバルIPアドレス	111.111.111.111 [※1][※2]
FRIENDLY NAME (IP Address)	IPアドレスの設定に付ける分かりやすい名前	office

> ※1:「グローバルIPアドレス」を調べるサイト:
> https://www.cman.jp/network/support/go_access.cgi
> ※2:スマートフォンとつながっている「グローバルIPアドレス」が接続先wifiの変更などによってリスト内にない場合には、正常に発着信できない場合があります。

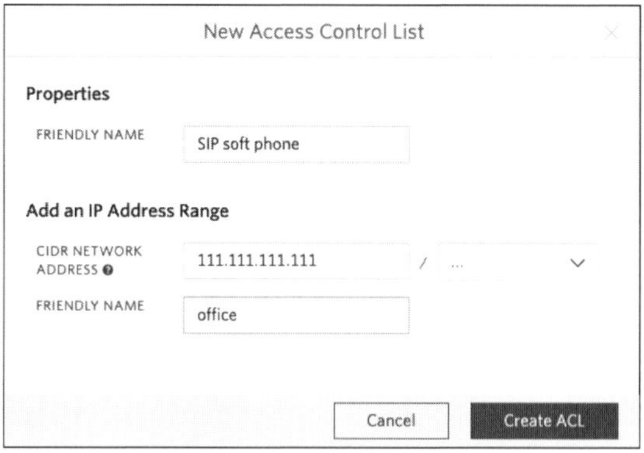

New Access Control List

Properties

FRIENDLY NAME　SIP soft phone

Add an IP Address Range

CIDR NETWORK ADDRESS　111.111.111.111　/　...

FRIENDLY NAME　office

Cancel　Create ACL

図6-3-5 「IPアクセス制御リスト」の設定をする

[6] 「IPアクセス制御リスト」の設定が完了したら、次はユーザーの設定に移ります。

「クレデンシャルリスト」をクリックし、画面が開いたら「+」をクリック。

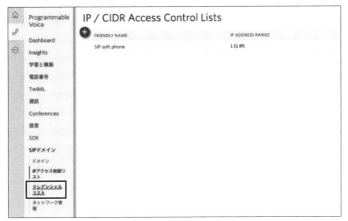

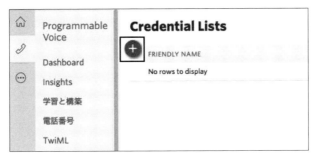

図6-3-6 「+」をクリック

[7] 以下の内容を入力して、「Save」をクリックします。

表6-3-2 「クレデンシャルリスト」設定内容

パラメータ名	役割	設定値例
FRIENDLY NAME (Properties)	ユーザーのリストに付ける分かりやすい名前	support
Username	端末を識別するための任意の文字列(内線番号など)	1234
Password	任意のパスワード(1文字以上数字を含む12文字以上の文字列)	Password1234

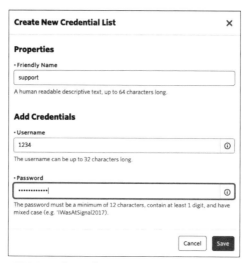

図6-3-7 「クレデンシャルリスト」の設定をする

[8]「ユーザー設定」ができたら、次に「ドメイン」を作ります。
「ドメイン」をクリックして、画面が表示されたら、「＋」をクリック。

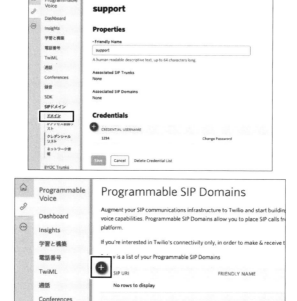

図6-3-8 「＋」をクリック

[9]以下の内容を入力して、画面下部の「Save」をクリックします。

表6-3-3 「ドメイン」の設定内容

パラメータ名	役　割	設定値例
FRIENDLY NAME (Properties)	分かりやすい名前	Sip phone
SIP URI	SIPで利用するURI※全世界で一意	sip-test
IP ACCESS CONTROL LISTS	利用するIPアクセス制御リスト	SIP soft phone
CREDENTIAL LISTS	利用するクレデンシャルリスト	support
SIP Registration	SIP レジストレーションを使用するか	ENABLED
CREDENTIAL LISTS	SIP レジストレーションできるクレデンシャルリスト	support

■「ソフトフォン」に転送する機能の作成

着信時に「ソフトフォン」に転送する部分を作っていきましょう。

＊

「Twilio」で受けた着信を「SIPソフトフォン」に転送する部分は、「Twilio Studio」を使って作ります。

「Studio」を使うことによって、簡単に「IVR」(自動音声応答)を追加でき、「ユーザーの入力によって転送先を振り分ける」といったことができます。

手　順 「ソフトフォン」への転送機能を作る

[1]「All Products & Services」を開いて「Studio」をクリック。

図6-3-9 「Studio」をクリック

[2] 「Create a flow」をクリックして「新規フロー」を作ります。

図6-3-10 「新規フロー」を作る

[3] 「FLOW NAME」には分かりやすく「sipin」と入力して「Next」をクリック。

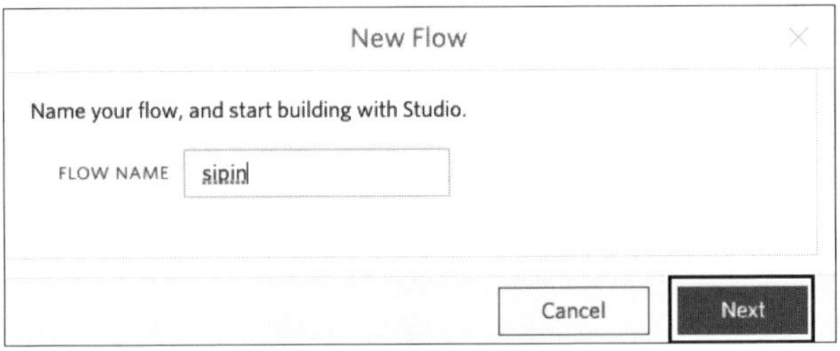

図6-3-11 「Next」をクリック

[4] 「Start from scratch」を選択して「Next」をクリックします。

図6-3-12 「Next」をクリック

【5】画面が開いたら、「Connect Call To」を「WIDGET　LIBRARY」からキャンバス上にドラッグ＆ドロップ。

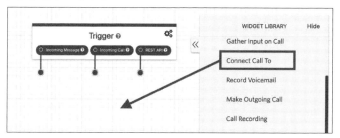

図6-3-13 「Connect Call To」をキャンバス上に配置

【6】「connect_call_1」に次の内容を設定します。

表6-3-4 「connect_call_1」の設定内容

パラメータ名	役　割	設定値例
ＣＯＮＮＥＣＴ CALL TO	接続先の種類	SIP Endpoint
SIP ENDPOINT	接続先のSIP URI	sip: [Username] @ [domain] .sip.twilio.com ※[Username]はクレデンシャルリストで作成したUsernameに置き換えてください。 [domain] はドメインで作成したSIP URIに置き換えてください。 例：sip:1234@kddi-web.sip.twilio.com

図6-3-14 「connect_call_1」を設定する

[7] 「Incoming Call」と「connect_call_1」をつなげて、「Publish」をクリックします。

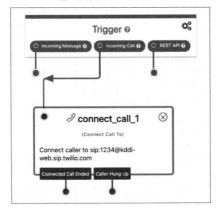

図6-3-15 「Incoming Call」と「connect_call_1」をつなぐ

■電話番号にフローを設定する

最後に、購入した電話番号に作ったフローを設定します。

*

購入した電話番号の設定画面を開いた後、「A CALL COMES IN」の項目で「Studio Flow」を選択し、作ったフローを設定。

設定が完了したら、画面下部の「Save」をクリックします。

電話番号	**Voice & Fax**		
番号の管理	ACCEPT INCOMING		
アクティブな電話番号	Voice Calls		∨
リリースされた番号	CONFIGURE WITH		
番号を購入	Webhooks, TwiML Bins, Functions, Studio, or Proxy		∨
検証済電話番号	A CALL COMES IN		
Port & Host	Studio Flow ∨	sipin	∨
Regulatory Compliance	PRIMARY HANDLER FAILS		
ツール	Webhook ∨		HTTP POST ∨
Usage	CALL STATUS CHANGES ❷		
はじめましょう			HTTP POST ∨
	CALLER NAME LOOKUP ❷		
	Disabled		∨
	EMERGENCY CALLING ❷		
	Not Available: Emergency calling is not available for this number country and/or type.		
≪	Save Cancel Release this Number		

図6-3-16 「Save」をクリック

　以上で、「Twilio」へ着信した電話を「SIPソフトフォン」へ転送する設定は終了です。

■「SIPソフトフォン」から発信する機能の作成

　「SIPソフトフォン」から発信する部分を作っていきましょう。

　発信する際にも「Studio」を利用することで、ビジュアル的に分かりやすくフローを作れます。

＊

　「SIPソフトフォン」から発信すると、Twilio側に届く発信先は「sip:090xxxxxxxx@xxxxx.sip.tokyo.twilio.com」となるため、この中から発信先の電話番号を抽出する必要があります。

　しかし「Studio」だけの場合、「電話番号を抽出する機能」を作るのは困難です。
　そのため「Functions」を使って、「Node.js」で「電話番号を抽出する機能」を作ります。

手　順 「電話番号を抽出する機能」の作成

[1]「All Products & Services」をクリックし、「Functions」を選択。

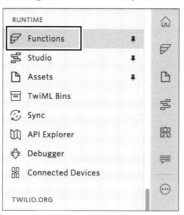

図6-3-17 「Functions」を選択

[2]「Create Service」をクリックします。

図6-3-18 「Create Service」をクリック

[3]「Service Name」に任意の名前の入力し、「Next」をクリック。

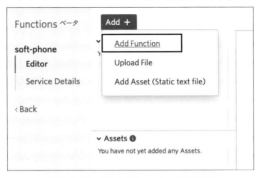

図6-3-19 「Next」をクリック

[4]「Add+」をクリックし、「Add Function」を選択します。

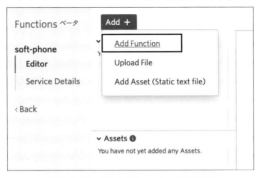

図6-3-20 「Add Function」を選択

[5]「Function名」に「get-number」と入力。

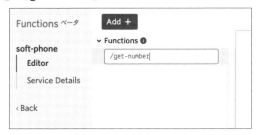

図6-3-21 「get-number」と入力

[6]「Function」が作れたら、作った「Function」を以下のソースコードで上書きします。

```
exports.handler = function(context, event, callback) {
  // 宛先
  const to = event.To || '';
  // 宛先から電話番号を抽出 'sip:XXXXXXXXXXX@xxx.sip.tokyo.twilio.com' ->
'XXXXXXXXXXX'
  const toNumber = to.indexOf("@") > 0 ? to.substring(4, to.
indexOf("@")) : '';
  // 0AB～Jを+81に変換
  const number =  (toNumber.substring(0, 1) === '+' ? toNumber :
'+81' + toNumber.substring(1));

  callback(null, {'number':number});
}
```

[7]上書きしたら「Save」をクリックし、保存してから「Deploy All」をクリック。

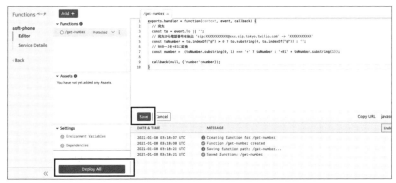

図6-3-22 「Save」を押してから「Deploy All」をクリック

■「電話発信用フロー」の作成

　電話番号を抽出するための「Function」が出来たので、次はStudioで「電話発信用のフロー」を作ります。

手 順 「電話発信用フロー」の作成

[1]再度「Studio」の画面を開き、「＋」をクリックします。

図6-3-23　「＋」をクリック

[2]今度は発信用のフローなので、「sipout」と入力し「Next」をクリック。

図6-3-24　「Next」をクリック

[3]「Start from scratch」を選択し、「Next」をクリックします。

図6-3-25 「Start from scratch」を選んで「Next」をクリック

[4]電話番号抽出用の「Function」を使うため、「Run Function」をドラッグ＆ドロップでキャンバスに移動。

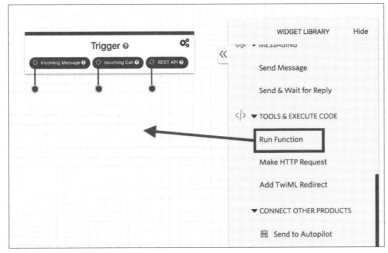

図6-3-26 「Run Function」をキャンバスに移動する

[5] 配置できたら、Triggerの「Incoming Call」と「Run Function」をつなぎます。

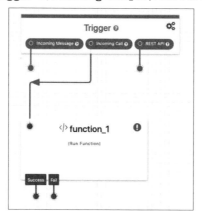

図6-3-27 「Incoming Call」と「Run Function」をつなぐ

[6] 「function_1」を次の値で設定。

表6-3-5 「function_1」の設定値

パラメータ名	役　割	設定値例
SERVICE	利用するFunctionsのサービス	soft-phone
ENVIRONMENT	利用する環境	ui
FUNCTION	呼び出すFunction	get-number
		※Functionが表示されない場合、Deployできてない場合があるので再度Functions画面を開いていただき、Deploy Allをクリックしてください。

図6-3-28 「function_1」を設定する

[7] 「Function」の設定が完了したら、「Function」に渡す引数を設定します。
「＋」をクリックしてパラメータを追加。

表6-3-6 追加するパラメータ

パラメータ名	役　割	設定値例
Key	Functionに値を渡すときに利用するキー名	To
Value	Functionに値を渡したときにキー名と紐づく値	{{trigger.call.To}}

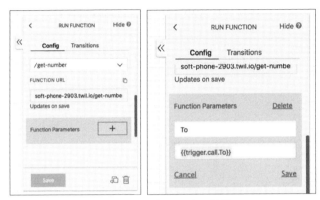

図6-3-29 パラメータの追加

[8] 取得した電話番号を元に電話を転送するため、「Connect Call To」をドラッグ＆ドロップでキャンバス上に配置します。

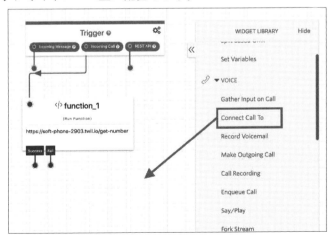

図6-3-30 「Connect Call To」をキャンバス上に配置

[9]「function_1」の「Success」を「connect_call_1」に接続します。

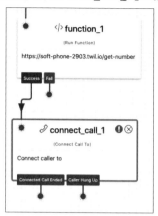

図6-3-31　「Success」と「connect_call_1」をつなぐ

[10]「connect_call_1」を次の値で設定します。

表6-3-7　「connect_call_1」の設定値

パラメータ名	役　割	設定値例
CONNECT CALL TO	発信先電話番号	{{widgets.function_1parsed.number}}
CALLER ID	発信元電話番号	+8150123456789 ※「Twilio」で購入した電話番号

図6-3-32　「connect_call_1」を設定する

[11]フローが出来たら、「Publish」をクリック。

作った「発信用フロー」を「SIPドメイン」に設定します。

作った「SIPドメイン」の設定画面を開き、「A CALL COMES IN」の設定部分で「Studio」を選択した後、上記で作った「sipout」のフローを設定し、「Save」をクリックします。

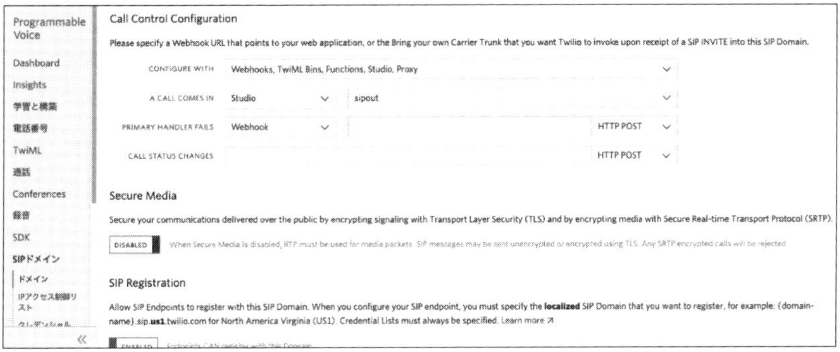

図6-3-33 「Save」をクリック

以上で発信用のフローは完成です。

＊

最後に、「SIPソフトフォン」を使うためにアプリの設定をします。

手 順 アプリの設定

[1] まずは、アプリをインストールします。

iOS：

https://apps.apple.com/jp/app/sessiontalk-sip-softphone/id362501443

Android：

https://play.google.com/store/apps/details?id=co.froute.session_chat&hl=ja

> ※今回使うアプリは無料で利用できますが、制限などはリンク先を確認してください。

[2] インストールが完了したら、アプリを立ち上げて設定。

[3] 「プロバイダーの選択」を求められるので「一般的な SIP」を選択。

図6-3-34　プロバイダーの選択

[4] 設定に以下の内容を入力して、「保存」をタップ。

表6-3-8　アプリの設定内容

パラメータ名	役　割	設定値例
ユーザーネーム	SIP レジストレーションに利用するユーザー名	1234 ※クレデンシャルで設定した Username
パスワード	SIP レジストレーションに利用するパスワード	Password1234 ※クレデンシャルで設定した Password
ドメイン	SIP レジストレーションに利用するドメイン	[domain] .sip.tokyo.twilio.com [domain] はドメインで作成した SIP URI に置き換えてください。 例：kddi-web.sip.tokyo.twilio.com

図6-3-35　アプリの設定

[5] 設定画面を開き、「レジストレーション」が完了しているかを確認。

図6-3-36　「レジストレーション」の確認

※アカウントのステータスが「登録済み」になっていれば、正常にレジストレーションされています。

※登録に失敗している場合は、「設定の見直し」や「IPアドレスの確認」をしてください。

図6-3-37 「登録済み」なら「レジストレーション」完了

6-4 「Google Spreadsheet」を使った「一斉電話発信」

　本節では、「Google Spreadsheet」を利用して、「Google Spreadsheet」に保存されている電話番号宛に電話を「自動架電」し、メッセージを流すシステムを構築します。

手順 「一斉架電システム」を作る

[1] 新しく「Google Spreadsheet」を作り、「架電先の電話番号」「流すメッセージ」「発信ステータス」の3列を作ります。

図6-4-1 「Google Spreadsheet」を作る

[2]「Google Spreadsheet」の準備が整ったら、「ツール > スクリプトエディタ」
をクリック。

「スクリプトエディタ」を開きます。

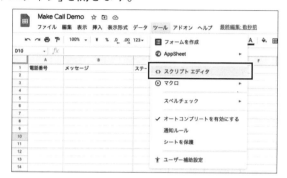

図6-4-2 「スクリプトエディタ」を開く

[3]電話発信用プログラムの、電話の発信を行なう部分を作ります。

```
function makeCall(to, body) {
  var from = "+8150xxxxxxxx"; //Twilioで取得した電話番号
  var accountSid = "ACxxxxxxxxxxxxxxxxxxxxxx";/// Twilioコンソールから確認
  var authToken = "xxxxxxxxxxxxxxxxxxxxxxxxxx";/// Twilioコンソールから確認
  var callsUrl = `https://api.twilio.com/2010-04-01/
Accounts/${accountSid}/Calls.json`;

  var payload = {
    "To": to,
    "Twiml" :`<Response><Say language="ja-JP">${body}</Say></Response>`,
    "From" : from
  };

  var options = {
    "method" : "post",
    "payload" : payload
  };jj

  options.headers = {
    "Authorization" : "Basic " + Utilities.base64Encode(`${accountSid}
:${authToken}`)
  };

  UrlFetchApp.fetch(callsUrl, options);
}
```

[4] 保存されている全情報を取得し、電話を発信する部分を作成。

```
function makeAllCalls() {
  var sheet = SpreadsheetApp.getActiveSheet();
  var startRow = 2;
  var numRows = sheet.getLastRow() - 1;
  var dataRange = sheet.getRange(startRow, 1, numRows, 3)
  var data = dataRange.getValues();

  for (i in data) {
    var row = data[i];
    if(row[2] == "sent") continue;
    try {
      response_data = makeCall(row[0], row[1]);
      status = "sent";
    } catch(err) {
      Logger.log(err);
      status = "error";
    }
    sheet.getRange(startRow + Number(i), 3).setValue(status);
  }
}
```

[5] Google Spreadsheet に「発信ボタン」を配置して、作ったプログラムと接続。

「挿入 ＞ 図形描画」をクリックし、「図形作成画面」を開きます。

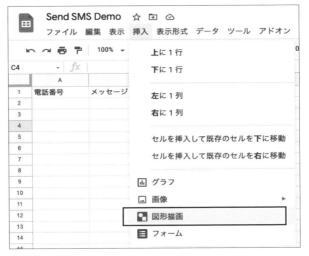

図6-4-3　「図形作成画面」を開く

[6]好きな図形を作り、「保存して終了」をクリックします。

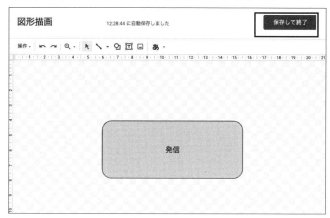

図6-4-4 「保存して終了」をクリック

[7]作った図形の設定を開き、「スクリプトを割り当て」をクリック。

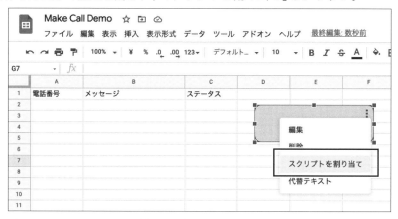

図6-4-5 「スクリプトを割り当て」をクリック

[8]「保存してあるすべての電話番号に発信するプログラム」を紐付けます。

図6-4-6　プログラムと紐付ける

以上で、「一斉架電システム」の完成です。

＊

電話番号の頭に「+81」を付け、先頭「0」を削除した形式で電話番号を入力します。

そのまま入力すると「+」が消えてしまうので、「'+8190xxxxxxxx」と入力してください。

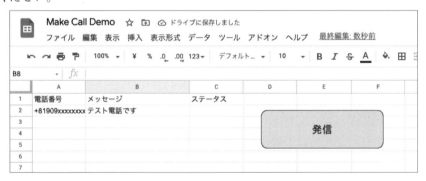

図6-4-7　入力時は「+」の前に「'」をつける

6-5 「Google Spreadsheet」を使った「一斉SMS送信」

　本節では、「Google Spreadsheet」を利用して、「Google Spreadsheet」に保存されている電話番号宛に「SMS」を「一斉送信」するシステムを構築します。

手 順 **「一斉SMS送信システム」を作る**

[1] 新しく「Google Spreadsheet」を作り、「送信先の電話番号」「送信するメッセージ」「送信ステータス」の3列を作成。

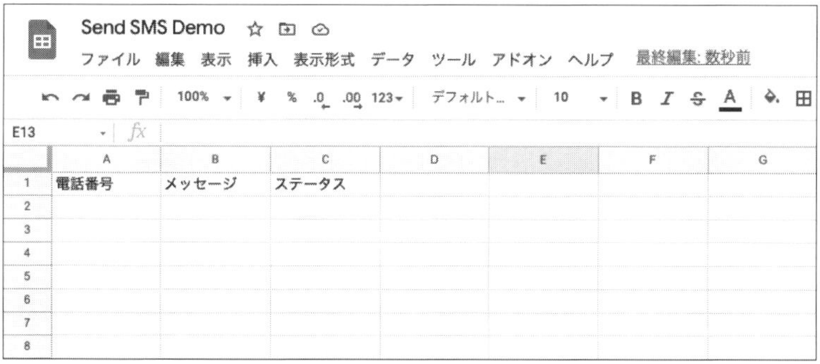

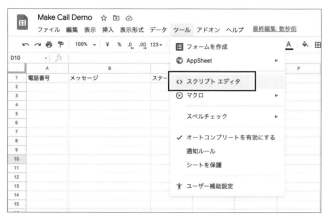

図6-5-1　「Google Spreadsheet」を作る

[2] 「ツール > スクリプトエディタ」をクリックし、「スクリプトエディタ」を開きます。

図6-5-2　「スクリプトエディタ」を開く

[3] 「SMSの送信」を行なうプログラムを作ります。

```
function sendSms(to, body) {
  var from = "+148xxxxxxxx"; //Twilioで取得したアメリカの電話番号
  var accountSid = "ACxxxxxxxxxxxxxxxxxxxxxxx";/// Twilioコンソールから確認
  var authToken = "xxxxxxxxxxxxxxxxxxxxxxxxxx";/// Twilioコンソールから確認
  var messages_url = `https://api.twilio.com/2010-04-01/
Accounts/${accountSid}/Messages.json`;

  var payload = {
    "To": to,
    "Body" : body,
    "From" : from
  };

  var options = {
    "method" : "post",
    "payload" : payload
  };

  options.headers = {
    "Authorization" : "Basic " + Utilities.base64Encode(`${accountSid
}:${authToken}`)
  };

  UrlFetchApp.fetch(messages_url, options);
}
```

```
function sendAll() {
  var sheet = SpreadsheetApp.getActiveSheet();
  var startRow = 2;
  var numRows = sheet.getLastRow() - 1;
  var dataRange = sheet.getRange(startRow, 1, numRows, 3);
  var data = dataRange.getValues();

  for (i in data) {
    var row = data[i];
if(row[2] == "sent") continue;
    try {
      response_data = sendSms(row[0], row[1]);
      status = "sent";
    } catch(err) {
```

```
        Logger.log(err);
        status = "error";
    }
    sheet.getRange(startRow + Number(i), 3).setValue(status);
  }
}
```

[4]「Google Spreadshee」で「挿入 > 図形描画」をクリックし、「図形作成画面」
を開きます。

図6-5-3　「図形作成画面」を開く

[5]好きな図形を作り、「保存して終了」をクリック 。

図6-5-4　「保存して終了」をクリック

[6]以下、6-4節"「一斉家電システム」を作る"の手順[7]以降と同様、「発信ボ
タン」を作りプログラムを割り当てます。

以上で、「一斉SMS送信システム」の完成です。

*

電話番号の頭に「+81」を付け、先頭「0」を削除した形式で電話番号を入力します。

そのまま入力すると、「+」が消えてしまうので、「'+8190xxxxxxxx」と入力してください。

図6-5-5 入力時には「+」の前に「'」をつける

補章

「Twilio Quest」で「Twilio」を始める

> 「Twilio Quest」とは、ゲーム方式で提供されている
> 「Twilio」のチュートリアルです。
> 本章では「Twilio Quest」のはじめ方を紹介します。

補-1　「Twilio Quest」とは

　「Twilio Quest」は「Twilio」の使い方を学ぶことができるチュートリアルです。

　「Twilio Quest」をプレイすることで「Twilio」を扱うのに必要な知識がゲーム感覚で身につきます。

　「Twilio Quest」では、「Twilio」の使い方だけではなく、「Twilio」を使うのに必要な「Javascript」「PHP」「Python」などの周辺知識のチュートリアルも提供されています。

> ※「Twilio Quest」は英語版のみです。

補-2　「Twilio Quest」のはじめ方

　「Twilio Quest」はローカル環境にインストールして利用します。

　「Twilio Quest」のインストールと同時に、チュートリアルに必要なツールがインストールされるため、「Twilio」を使うまでの環境構築の必要がありません。

手　順　「Twilio Quest」のはじめ方

[1]「Twilio Quest」は次のページから、各環境に合ったものをダウンロードします。

https://www.twilio.com/quest/download

補-2-1 ダウンロードページ

[2] インストール終了後に「Twilio Quest」のアイコンをクリックし、アプリを起動します。

アプリを起動すると、はじめに「バージョン・チェック」と、必要に応じて「コンテンツのダウンロード」が行なわれます。

> ※「Twilio Quest」のチュートリアルは随時追加されたり、イベント開催時に「特別コンテンツ」が配信されることがあります。

[3]「バージョン・チェック」「コンテンツのダウンロード」が終了すると、「PLAY TWILIOQUEST」が表示され、これをクリックすると「Twilio Quest」を開始できます。

補-2-2 PLAY TWILIOQUEST

【補-2】 「Twilio Quest」のはじめ方

[4] 初回起動時のみ、「名前」と「アバター」を選択する画面が表示されます。

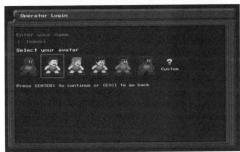

補-2-3 「名前」と「アバター」を選ぶ

「名前」と「アバター」を選び、次の画面が表示されると、設定完了です。

補-2-4 設定完了

画面右側の緑色に光るカプセルに話し掛けると、「チュートリアル一覧」が表示されます。

139

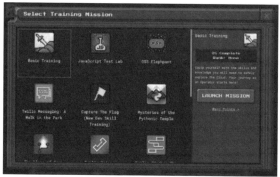

補-2-5　「チュートリアル一覧」を表示

表 補-2-1　基本的な操作方法

キー	動　作
←, A	左に移動
↑, W	上に移動
→, D	右に移動
↓, S	下に移動
スペース・バー	人との会話やオブジェクトを調査

索 引

143

■著者略歴

葛　智紀（かつ・ともき）

1991年東京都生まれ。
神奈川大学工学部卒。
2014年より「iOS」「Android」の「ネイティブ・アプリケーション」の開発、「Angular」
や「Laravel」を用いた「ウェブ・アプリケーション」の開発に従事。
2020年5月よりKDDIウェブコミュニケーションズTwilio事業部にジョインし、「Twilio」
の最新情報の発信や「Twilio」を用いた地域課題解決を担当。

本書の内容に関するご質問は、
①返信用の切手を同封した手紙
②往復はがき
③ FAX (03) 5269-6031
　（返信先のFAX番号を明記してください）
④ E-mail　editors@kohgakusha.co.jp
のいずれかで、工学社編集部あてにお願いします。
なお、電話によるお問い合わせはご遠慮ください。

サポートページは下記にあります。

［工学社サイト］
http://www.kohgakusha.co.jp/

I/O BOOKS

はじめてのTwilio

2021年3月30日　初版発行　ⓒ2021

※定価はカバーに表示してあります。

印刷：(株)エーヴィスシステムズ

著　者　　葛　智紀
発行人　　星　正明
発行所　　株式会社**工学社**
〒160-0004 東京都新宿区四谷 4-28-20 2F
電話　　　(03) 5269-2041 (代) ［営業］
　　　　　(03) 5269-6041 (代) ［編集］
振替口座　00150-6-22510

ISBN978-4-7775-2146-3